生物多様性と倫理、社会

—改訂版—

安達　宏之

法律情報出版

はじめに

「生物多様性」という用語は、自然環境の保全を考える際に必ず登場するものです。しかし、古くから使われている用語ではありません。1992年の地球サミット（国連環境開発会議）やその年に採択された生物多様性条約によって、世界中に一気に広まった用語であり、その歴史はわずか30年程度のものです。

そうした事情も影響しているのか、「生物多様性」について語られることが多いとはいえ、その意味を正確に理解できている人は決して多くはないようです。

本書では、こうした生物多様性の意味や意義について考えていきます。生命が誕生して40億年の中で、現在は、６回目の大量絶滅時代と言われています。それを引き起こしているのは、私たち人類です。この危機の深刻さを認識するためにも、生物多様性への正しい理解が求められています。

本書では書名の通り、「生物多様性と倫理、社会」をテーマとしています。生物多様性そのものの解説にとどまらず、「生物多様性」に関する「倫理」や「社会」のあり方について考えていきます。

そもそも「生物多様性」を考える上で、生命に関する難しい問題も横たわっています。例えば、「人と他の生物の区別はつくか？」という問いに、説得力のある答えを出すことはできるでしょうか。

また、保全すべき対象である「自然」とはどのようなものでしょうか。人が立ち入ることがない原生自然のみが保全の対象なのでしょうか。あるいは、田園風景が広がる里山や近所の公園の森なども対象に加えるべきなのでしょうか。

こうした根源的な問いについても、現実の法や政策の経緯と現状も踏まえつつ、本書では正面から考えていきます。

本書の特色としては、「生物多様性と倫理、社会」を考える上で、「企業」と「NPO」の２つの視点から論じていることが挙げられます。

なぜ、「企業」と「NPO」なのか。これは、一義的には、極めて単純な話として、筆者がこれまで深くかかわってきたアクター（主体）が企業とNPO（特定非営利活動法人という狭い意味ではなく、広く市民活動・市民運動を行うグループという広い意味で使います）であったからです。

ただし、それだけの理由によりこの２つの視点から論じるわけではありません。生物多様性の保全（あるいはその逆の自然破壊）に関係するアクターとして、この両者は、良きにつけ悪しきにつけ、極めて重要な役割を果たしています。そうしたアクターやそれを取り巻く状況を探求することにより、具体的な生物多様性の保全のあり方を描くことができると考えたからにほかなりません。

筆者は、特に海辺の生きものが大好きです。本書は生物多様性の危機や政策の課題について多くのページを割いていますが、そうした課題を提示する意識の根底には、対象となる自然が好きだという気持ちがあります。失うにはあまりにもったいない、人にとって大切なものだと思うからです。

本書を読みながら、対象となる自然に思いを馳せ、自然や生きものについて興味をもち、それを好きになってくれる人が増え、ともにその抱える課題について考えていけることを願ってやみません。

ようこそ、にぎやかで楽しい生物多様性の世界へ。

2020年３月　早春の干潟を歩いた後に

安達　宏之

改訂版の発行に当たって

改訂版では、気候危機や海洋プラスチックなど、急激に変化する生物多様性を巡る動向を反映させました。また、本書を使用した講義では、毎回学生たちに問題を投げかけ、すこしでも議論できるような場を設けるように努めています。そうした議論の中で得られた知見もできる限り本書に反映させました。改訂版の立役者は学生のみなさんです。ありがとうございました。

2023年３月　変わることなく、今年も早春の干潟を歩いた後に

安達　宏之

目　次

本文イラスト：鈴木匠子
https://shouko.jimdofree.com/

第1章
「生物多様性」とは何か

東京湾の小櫃川（おびつがわ）河口・盤洲（ばんず）干潟（千葉県木更津市）のヨシ原にいたアシハラガニ。泥っぽいところや砂っぽいところなど、ちょっとした環境の変化を利用して、様々な種のカニがすんでいる。生物の世界は弱肉強食と言われがちだが、実に一面的な見方だ。

1 「生物多様性」とは

(1) 新しいキーワード「生物多様性」

「生物多様性（Biodiversity）」という用語は、古くからあるものではありません。

1992年、世界中の多くの首脳が参加した地球サミット（国連環境開発会議）にて、**生物多様性条約**が署名されました。ここから「生物多様性」の用語が社会に広がったと言っていいでしょう。

この世界には、様々な生物がいます。生物が多様性に富んでいることは多くの人が認めるところでしょう。では、「生物多様性」とは、たくさんの生物が多種多様に生息している様子を示している言葉なのかといえば、後述するように、それだけではありません。

そもそもこの用語は、「生物学的（biological）」と「多様性（diversity）」を合体させた造語です。しかし、「生物学的多様性」と言われても、生物学を誰もが知っているわけでもなく、それにピンとくる人はあまりいないのではないでしょうか。考え始めると、なかなか難解な用語です。

とはいえ、現在この用語が、国際社会や地域社会の中で頻繁に語られるようになりました。筆者のように、企業や地域において環境に関する活動をしていると、「生物多様性」という言葉を聞かない日はないほどです。

この用語が急速に世界中に普及したのはなぜか。それは、人間による自然環境の破壊が進み、後戻りできなくなる危機感が世界中で共有化されてきたからにほかなりません。

本書では、21世紀のキーワードの１つ「生物多様性」について考えていきます。

(2) 生物多様性とは

生物多様性とは、①生態系の多様性、②種の多様性、③遺伝子の多様性の３つのレベルの多様性から成り立つ概念です。まずは、これら一つひとつをみていきましょう。環境省『いのちはつながっている　生物多様性を考えよう』（2012年改訂版。以下「環境省冊子」という。）では、この３つの多様性について、次のように説明しています。

「①　**生態系の多様性**

　相互に関係を持ちながら生息している生き物たちとその基盤となる環境をひとまとめにして生態系という。海洋、山地、熱帯林、サバンナ、砂漠などそれぞれに対応した様々な生態系が存在する。

②　**種の多様性**

　種は「生物の単位」。子孫を残すことができるもの同士が１つの種を形成しており、同じ種なら形態も似ていることがほとんどだ。例えば秋田犬とシェパードは子孫を残すことができるから同じ種、イヌとネコは子孫を残すことができないから別の種だ。

③　**遺伝子の多様性**

　すべての生き物は親から子へ受け継がれる遺伝子を持っており、その遺伝子が体の構造や機能などを決める。同じ種でも異なる遺伝子が組み合わさることで個性が生まれ、寒暖の変化・病気発生などの環境変化に対応できる可能性が広くなる。」

　以上３つそれぞれの多様性について、もう少し事例等を示しておきましょう。

　①の「生態系の多様性」について、例えば、「海」という自然を思い描い

Column

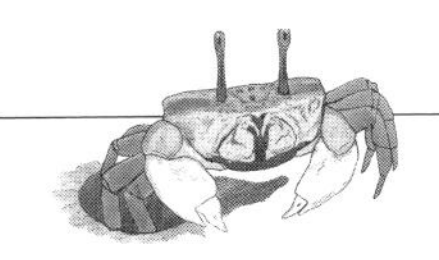

条約における「生物多様性」の定義

生物多様性条約（第９章で解説）では、第２条にて、「生物多様性」を次のように定義している。「「生物の多様性」（Biological diversity）とは、すべての生物（陸上生態系、海洋その他の水界生態系、これらが複合した生態系その他生息又は生育の場のいかんを問わない。）の間の変異性をいうものとし、種内の多様性、種間の多様性及び生態系の多様性を含む。」

てみましょう。南のサンゴ礁が広がる海、どこまでも深い藍色の海、工場群に接した直立護岸の先にある茶色の海、延々と続く砂浜に打ち付ける高波の海、砂や泥からなる干潟の海など、一言で「海」と言っても様々な自然があります。

②の「種の多様性」については、誰もが理解しやすい概念でしょう。地球上には、動物や植物から微生物にいたるまで、様々な生物種がいます。

そもそも、この地球上にどれくらいの生物がいるのでしょうか。**確認された生物種は180万種程度であり、未確認の生物種を含めると、この数値は1000万から1億種になるという推測もある**そうです（大沼あゆみ・栗山浩一「序章　生物多様性を保全する」同編『生物多様性を保全する』〔岩波書店・2015年〕参照）。

③の「遺伝子の多様性」について、その重要性を知る有名なエピソードがあります。19世紀半ばに発生したアイルランドにおける大飢饉です。主食であったジャガイモの収穫が感染症によって大きな打撃を受け、大飢饉となってしまいました。この原因として挙げられたのが、当時栽培されていたジャガイモが遺伝的には同じクローンであったことです。遺伝子の異なるジャガイモが複数あれば、感染症の影響から免れ得たかもしれません。

このように、生態系、種、遺伝子それぞれのレベルにおいて多様性があることが生物多様性という意味なのです。

2　自然にふれながら生きるということ

ところで、生物多様性に関連した仕事には様々なものがあります。海という厳しい自然と向き合う漁師。里山の中で暮らす農民。生きもの好きが高じて博物館で生物関連の仕事をする学芸員。奥深い森林に入って調査をする森林コンサルタント。筆者のまわりを見ても、多種多様な生物多様性に関連した仕事があります。

筆者は、そうした人びとと接する度に思うことがあります。それは、彼ら彼女らが輝いて見えることが多いということです。誰もが生きていく上でお金は大切ですし、そうした仕事をしている人びとももちろんそれを意識していることでしょう。けれども、それら人たちの多くが、「お金」よりも何か他のことに価値を置いているように感じてなりません。

この点に関連して、哲学者の**内山節**（たかし）氏は、以下の「**紹介**」の通り、興味深い指摘をしています。ある山村の人びとが「**稼ぎ**」と「**仕事**」という用語を使い分けているという話です。

本書の後半では、「人にとって保全すべき生物多様性とは何か」についても考えていきます（第７章）。それを考えるときのポイントの１つは、この内山氏の言葉の中にありそうですが、それはまた後で検討します。

いまは、頭の片隅に以下の言葉をとどめつつ、しばらくは生物多様性の現状と課題について考えていきましょう。

紹介

「稼ぎ」と「仕事」

～内山節『自然と人間の哲学』（農文協・2014年）より抜粋

山の畑の耕作をはじめた頃、私は村の人々の使うある言葉のなかに面白い使い分けのあることに気づいた。それは「稼ぎ」と「仕事」の使い分けだった。

“稼ぎに行ってくる”　村人がそう言うとき、それは賃労働に出かける、あるいはお金のために労働することを意味していた。〔略〕

ところが村人に「仕事」と表現されているものはそうではない。それは人間的な営みである。そしてその多くは直接自然と関係している。山の木を育てる仕事、山の作業道を修理する仕事、畑の作物を育てる仕事、自分の手で家や橋を修理する仕事、そして寄合いに行ったり祭りの準備に行く仕事、即ち山村に暮す以上おこなわなければ自然や村や暮しが壊れてしまうような諸々の行為を、村人は「仕事」と表現していた。〔略〕

「仕事」と「稼ぎ」の境界がはっきりしない都市に暮している私には、山村の人々のこの使い分けが快かった。とともに、ここにはいくつかの重要な問題が含まれているようにも思われた。そのひとつは村人の労働感覚が、使用価値をつくる労働が仕事であり、貨幣のためにする労働は稼ぎであるというところから成り立っていることである。だから「仕事」の世界は広い。人間が生きていくうえでおこなわなければならない諸々の行為、それがすべて「仕事」のなかに含まれる。

3　生物多様性の重要性

「生物多様性がなぜ大切なのか。」

この質問に対しては、様々な角度からの回答がありえますが、一般には、「人間にとって生物多様性が重要なサービスを提供しているから」と言われることが多いと思います。

2001年に国連が呼びかけて実施した国際調査「ミレニアム生態系評価（MA）」では、次の**図表１**の通り、生物多様性には**４つの生態系サービス**があることを示しています。

図表１：４つの生態系サービス

①基盤的サービス	水や土壌などの生息環境を形成する機能
②調整サービス	空気の浄化や洪水の抑止など環境変化や汚染を緩和する機能
③供給サービス	食料や木材、燃料、医薬品などを供給する機能
④文化的サービス	レクリエーションの機会や文化・精神面での充足を与える機能

生物多様性は、こうした各種のサービス、すなわち「**自然のめぐみ**」を人びとに与えてくれるので大切だというわけです。

こうした、「生態系サービスがあるから生物多様性は大切」という考え方は、人間社会への貢献を基準に据えたものであり、「**人間中心主義**」に立脚しています。

これに対して、次のように、「**生命そのものに内在的な価値がある**から生物多様性は大切」という「**生命中心主義**」の考え方もありえます（大沼あゆみ・栗山浩一「序章　生物多様性を保全する」前掲『生物多様性を保全する』より引用）。

「他方、生命中心主義からは、人間社会に役立たない場合であっても、生物多様性の保全が必要であることを主張する。人間社会の有用性に直接働きかけるものではないが、一方、どのような生物であっても絶滅は回避すべきという考えを持つ人は少なくないであろう。こうした立場の背景にあるのが、あらゆる生物が内在的価値を持っているという倫理的主張であり、生物多様性保全の重要な根拠の１つであり続けた。」

人間中心主義と生命中心主義（非人間中心主義）それぞれをどのように評価すべきかという論点については、第６章で改めて検討します。

ところで、社会は、生物多様性を含めて、様々な構成要素から成り立っています。したがって、生物多様性の重要性を考えるときには、社会の中におけるその重要性も検討されるべきでしょう。この点について、後述する「SDGsウェディングケーキモデル」とともに、経済学者の**宇沢弘文**氏の「**社会的共通資本**」の考え方が参考になります。

宇沢氏は、自然環境について、道路などの社会的インフラストラクチャーや、教育などの制度資本とともに、「社会的共通資本」であると位置づけました。そして、これら社会的共通資本は、「国家の統治機能の一部として官僚的に管理されたり、また利潤追求の対象として市場的な条件によって左右されてはならない。」と述べ、「社会的共通資本の各部門は、職業的専門家によって、専門的知見にもとづき、職業的規範にしたがって管理・維持されなければならない。」とも指摘しています。

第９章で取り上げる自然再生の考え方とも重なるものであり、生物多様性の重要性と保全の取り組み方を考える上でたいへん示唆に富む指摘です。

4　生物多様性の危機

(1)　６回目の大絶滅時代

生物多様性が重要だとしても、その保全が維持され、心配する必要がない状況であれば、あえてその保全の重要性を説き、保全策を実施する必要もありません。昨今、なぜ生物多様性の重要性が強調されているのかと言えば、とりもなおさず、その生物多様性が重大な危機に直面しているからにほかなりません。

環境省冊子によれば、地球は46億年前に誕生しました。その後、40億年前に生命が誕生し、進化を繰り返しながら、現在に至っています。地球の誕生から人類が繁栄する現在までの46億年間を1年間と仮定すると、人類が出現したのは1年の最後の12月31日となります（**図表2**参照）。

図表2：地球の歴史と人類

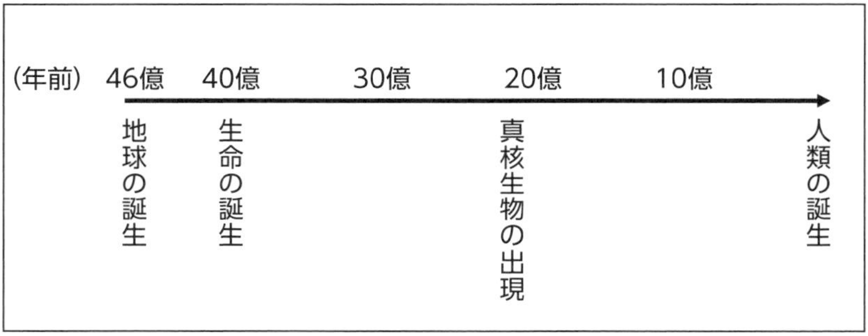

（年前）	46億	40億	30億	20億	10億	→
	地球の誕生	生命の誕生		真核生物の出現		人類の誕生

ただし、この40億年間、生物は常に順調に栄え続けてきたわけではありません。過去には、同時期に種の大量絶滅が起きる現象もありました。過去5億年の間にそれが5回ありました。これを「**ビッグ5**」と言います。

ビッグ5の概要は、次の**図表3**の通りです。巨大隕石によって恐竜が絶滅した6600万年前の白亜紀末の大量絶滅が有名です（種の約76％が絶滅）。2億5200万年前のペルム紀末の大量絶滅では、種の約96％が絶滅しました。

現在は、このビッグ5に続き、**6回目の大量絶滅時代**に入っていると主張する研究者もいます。過去5回の大量絶滅の原因は、火山の爆発や隕石の衝突など様々でしたが、現在の大量絶滅の原因は、長い生命の歴史の中ではごく最近に出現した人類自身によって引き起こされているのです。

図表３：過去に起きた大量絶滅（ビッグ５）

		時代	内容
古生代	１回目 オルドビス紀末	４億4300万年前 190万～330万年間	57％の属、86％の種が絶滅。気候変動と気候寒冷化。
	２回目 デボン紀末	３億5900万年前 200万～2900万年間	35％の属、75％の種が絶滅。気候寒冷化。
	３回目 ペルム紀末	２億5200万年前 16万～280万年間	56％の属、96％の種が絶滅。大規模な火山活動。
中生代	４回目 三畳紀末	２億年前 60万～830万年間	47％の属、80％の種が絶滅。大規模な火山活動と地球温暖化。
	５回目 白亜紀末	6600万年前 １年未満～250万年間	40％の属、76％の種が絶滅。隕石衝突と急速な寒冷化。

出典：カール・ジンマーほか『進化の教科書　第１巻　進化の歴史』（講談社・2016年）213pの内容を簡略化。

⑵　生物多様性、４つの危機

環境省冊子では、次の**図表４**の通り、絶滅の危機にさらされる日本の野生動植物の割合を紹介しています。

図表４：絶滅の危機にさらされる日本の野生動植物

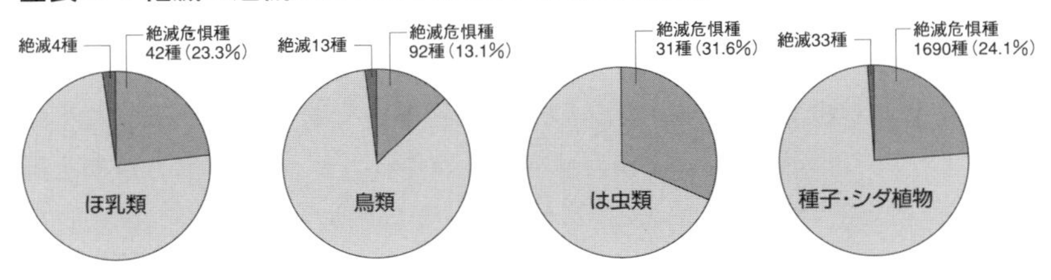

出典：環境省冊子
https://www.env.go.jp/nature/biodic/inochi/pdf/full.pdf

日本の「生物多様性国家戦略2012-2020」（2012年）によれば、わが国の生物多様性の危機は、次の**図表５**の通り、４つに整理できると指摘しています。

図表５：日本の生物多様性、４つの危機

第１の危機	開発など人間活動による危機
第２の危機	自然に対する働きかけの縮小による危機
第３の危機	人間により持ち込まれたものによる危機
第４の危機	地球環境の変化による危機

第１の危機の「**開発など人間活動による危機**」の典型例としては、第４章で取り上げている干潟・浅瀬の埋立が挙げられます。開発によって、豊かな生物多様性が破壊され、そこにいた生物が生息できなくなるのです。乱獲・過剰採取などによる野生動植物の減少も、この危機に入ってきます。

第２の危機の「**自然に対する働きかけの縮小による危機**」とは、第１の危機とは逆に、人間が自然に手を加えないことにより、生物多様性が低下したというものです。

小高い山に囲まれた水田など、**里地**（さとち）**里山**（さとやま）を思い浮かべてください。水田や水路、ため池、雑木林（薪炭林（しんたんりん））などを人びとが整備することにより、多様な生物を育んできました。しかし、過疎化に象徴される産業構造の変化により農地や森林の管理がされなくなり、その維持が難しくなってきています。

第３の危機の「**人間により持ち込まれたものによる危機**」とは、外来種や化学物質など人間が持ち込んだものによって、生物多様性に影響を与えたことを指します。マングース、アライグマ、オオクチバスなどの外来種が、意図的または非意図的に国外などから持ち込まれ、元々の生態系が大きく改変されるケースが各地で報告されています。

第４の危機の「**地球環境の変化による危機**」とは、地球温暖化による**気候変動（Climate Change）**が生物多様性に影響を及ぼしていることを指しています。世界の平均気温は、産業革命のころよりも既に**約1.1度も上昇**しています。その原因について、科学的知見を政策決定者等に提供する国際機関「**IPCC**（気候変動に関する政府間パネル）」は、化石燃料を燃やすことにより二酸化炭素を大量に排出してきた人間の活動にあることに「議論の余地がない」と言い切っています（IPCC第６次評価報告書）。

こうした地球温暖化が今後も進むことにより、地球上の動植物の絶滅リスクが高まると予測されています。最近では、絶滅リスクを含む気候変動によるリスクについて多くの人びとの間で共有されるようになり、「**気候危機(Climate Crisis)**」と呼ばれることもあります。

(3) 世界規模での生物多様性の危機

世界においても、生物多様性は危機的な状況となっています。

2020年に公表されたIPBES（「イプベス」と読む。**コラム**参照）の報告書によれば、今後数十年間で約100万種の動植物種が絶滅危機リスクに陥ると警告しています（高橋進『生物多様性を問いなおす』〔筑摩書房・2021年〕参照)。また、国際自然保護連合（IUCN）の**レッドリスト**（2009年版）によれば、世界の哺乳類の21%、鳥類の12%、爬虫類の28%、両生類の30%が絶滅するおそれがあるそうです。

環境問題には様々な問題があります。生物多様性の損失だけではなく、気候変動（地球温暖化)、海洋酸性化、成層圏オゾンの減少、窒素循環、リン循環、淡水利用、土地利用の変化、大気エアロゾル負荷、化学薬品による環境汚染などです。これら環境問題は、それぞれが解決すべき重要なものです。気候変動によって生物多様性が脅かされるなど、お互いが関連し合っていることも少なくありません。

スウェーデンの環境学者のヨハン・ロックストローム氏らによる分析・評価によれば、このうち「生物多様性の損失」が突出して安全限界をはるかに超えて重大な危機に瀕していると結論づけていることには、留意すべきでしょう（鷲谷いづみ『大学１年生のなっとく！生態学』〔講談社・2017年〕参照)。

(4) 新型コロナウイルス感染症と生物多様性

2020年から新型コロナウイルス感染症が世界中で猛威を振るっています。

医学者の**山本太郎**氏が今回のパンデミック（世界的大流行）前に発刊した著書『感染症と文明　～共生への道』（岩波書店・2011年）によれば、**文明は「感染症のゆりかご」**であり、特にグローバリゼーションの影響により、現代では急速に全世界に拡大すると指摘しています。今回のコロナは、まさにこの指摘を証明しています。

グローバリゼーション（Globalization）とは、『大辞林（第３版)』によれば、「世界的規模に広がること。政治・経済・文化などが国境を越えて地球規模で拡大することをいう。グローバル化。」とされています。特に交通網がグローバルに整備され、ヒト・モノの行き来が世界中で激しくなったことにより、感染症の爆発的な拡大につながったと言えるでしょう。

ただし、今回のパンデミックが（深く関連はするものの）グローバリゼーションの動きだけで生じたものではないことに注意が必要です。

環境記者の**井田徹治**氏の**『次なるパンデミックを回避せよ　～環境破壊と新興感染症』**（岩波書店・2021年）では、コロナを含む新興や再興の動物由来感染症がここまで世界各地で発生するようになった原因は、経済のグローバル化だけでなく、人類が熱帯雨林に入り込み、環境を破壊してきたことにあるという数々の専門家の指摘を紹介しています。

14世紀のペストも、20世紀のスペイン風邪も、期間の差はあれ、いずれも収束しました。歴史が示すように、感染症は収束するものであり、アフターコロナ（コロナ後）は必ずやって来ます。とはいえ、現在の世界の状況が続けば、新たな感染症がいつやって来てもおかしくないことを、私たちは認識しておくべきでしょう。

＜第１章　参考文献＞

・鷲谷いづみ『＜生物多様性＞入門』（岩波書店・2010年）
・鷲谷いづみ著、後藤章 絵『絵でわかる生物多様性』（講談社・2017年）
・井田徹治『生物多様性とは何か』（岩波書店・2010年）
・高橋瑞樹『大絶滅は、また起きるのか？』（岩波書店・2022年）
・高橋進『生物多様性を問いなおす』（筑摩書房・2021年）

Column

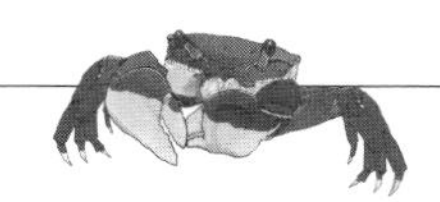

IPBESとは？

正式名称は「生物多様性と生態系サービスに関する政府間科学政策プラットフォーム（Intergovernmental science-policy Platform on Biodiversity and Ecosystem Service)」。英語の頭文字をとって「IPBES（イプベス)」と略される。2012年に設立され、世界中の生物多様性に関する研究成果を基に、政策提言を行う政府間組織。

第2章
企業と環境

上智大学法科大学院ソフィア・エコロジー・ロー・セミナーにて。平日の夜に多くの企業の環境担当者が自主的に聴講に来る。目先の利益が優先されやすい企業にも、様々な人がいる。環境保全と企業価値向上をつなげる試みを応援していきたい。

1 企業はどのような存在か ～"負の歴史"から考える

(1) 公害問題・環境破壊と企業

生物多様性またはそれを含む環境の問題を論じる際、そのテーマに取り組む市民活動や市民運動が取り上げられることが少なくありません。問題に直接取り組むアクター（主体）を取り上げることは重要なことです。

ただし、ややもすれば、「企業」というアクターを抜かして考えてしまう傾向があることには慎重であるべきと思います。なぜなら、企業は社会的に大きな存在であり、良かれ悪しかれ、このテーマに深くコミットしているので、それを抜かして論じてしまうと、問題の全体像が見えなくなってしまうからです。

そこで本章では、生物多様性を含む環境の問題において、企業がどのような存在であるのかをみていきます。

まずは、過去の歴史を振り返り、企業が環境問題をいかに引き起こしてきたのかを振り返ってみましょう。

1950年代半ばから1973年のオイルショックまで続いた高度経済成長期は、公害と環境破壊の時代でもありました。「**公害**」とは、「環境の保全上の支障のうち、事業活動その他の人の活動に伴って生ずる相当範囲にわたる**大気の汚染**、**水質の汚濁**……、**土壌の汚染**、**騒音**、**振動**、**地盤の沈下**……及び**悪臭**によって、人の健康又は生活環境……に係る被害が生ずること」を指します（環境基本法２条３項）。いずれもこの時期に深刻化した環境問題をまとめた概念であり、「**典型７公害**」とも呼ばれています。また、法制度が未整備のまま廃棄物の発生量が増大し、各地で廃棄物が散乱しました。さらに、コンビナート建設などによって海辺が大規模に埋め立てられるなど、豊かな自然環境も次々に破壊されていきました。

日本列島各地で起きた公害問題や環境破壊を振り返ると、企業が決定的な悪影響を与えていたことは明らかです。

例えば、**四大公害**の１つである熊本県で起きた**水俣病**は、新日本窒素肥料株式会社（現在のチッソ株式会社）が引き起こしたものです。その他の公害についても、原因企業が特定されています。

こうした公害に対して、被害者が立ち上がり、その原因が特定の企業にあることを研究者などが告発し、市民の反発が強まっても、原因企業はその責任を果たそうとせず、時には虚偽の反論までしていました。

環境経済学者の**宮本憲一**氏は、環境問題における企業の存在を問い続ける意味を次のように述べています（宮本憲一『維持可能な社会に向かって　～公害は終わっていない』〔岩波書店・2006年〕）。

「環境基本法や環境基本計画では、国、地方公共団体、事業者、国民、民間団体がすべて横ならびに役割分担によって、責務を持ち参加することになっている。しかし、環境汚染の原因は経済活動の主体である企業や経済人である。そして、環境という公共財を守る責任は政府・自治体にある。……90年代以降の環境政策の思想となっている調和論や一億総責任論では、明治以来の教訓は生きてこないのである。」

環境問題は単なる自然現象ではありません。原因は必ずあり（追究が難しいことが多々あるとしても）、その多くは人為的なものであり、さらにその多くは環境負荷の大きな企業が引き起こしているものなのです。

単純な「企業悪玉論」は殊更に社会の対立をあおるだけであり、筆者自身はそれを受け入れることはできませんが、だからと言って「企業善玉論」も根拠薄弱です。人がつくりあげる組織には失敗がつきものであり、現実に企業が公害と環境破壊を引き起こしてきた歴史があり、現在もなくなったわけでは決してありません。

Column

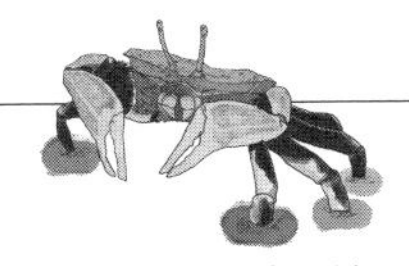

工場の煙、大歓迎！？

高度経済成長のころ、工場の黒煙などが人びとの批判を常に受けてきたわけではない。工場が増え、社会が工業化し、豊かな社会になると信じられてきた面もあるのだ。1969年に変更されるまでの川崎市の市歌の歌詞には、「黒く沸き立つ煙の焔は／空に記す日本／翳（かざ）せ　我らが強き理想」という節もあったという（北村喜宣『環境法（第５版）』〔弘文堂・2020年〕参照）。

そもそも、事業活動を行う上で環境負荷は必ず伴うものです。規模が大きくなればなるほど環境負荷も大きくなりがちです。企業は、自らの環境負荷に対して緊張感を持ってその削減と維持に取り組むべきです。また、国や地方自治体は、それら負荷をできる限り抑え込むための措置を講じるべきです。

2　企業と環境経営

(1) **「環境経営」とは**

近年、環境問題に積極的に取り組む企業が増え、「**環境経営**」の重要性がしばしば指摘されるようになりました。

「環境経営」という用語について様々な定義がありますが、筆者は次の定義が最も説得力があると思っています（足達英一郎『環境経営入門』〔日経新聞社・2009年〕より引用）。

「事業活動の環境インパクトを勘案し、企業価値を最大化させようとする経営（もしくは経営意思決定）」

「企業価値を最大化させようとする」には、「事業活動の環境インパクト」をきちんと考えることが必要であるという認識が広まっています。環境問題が深刻化し、経営の問題にまでなっているのです。

では、「環境インパクト」とは何を指すのでしょうか。これは、２つの側面に分けて考えることができるでしょう。

１つは、「**リスクとしての環境問題**」です。厳しさを増す環境問題を受けて、年とともに環境規制が強化されてきています。これは、様々なコストへの跳ね返りにもなり、経営問題に直結するということです。さらに、環境対策の不備があれば社会から厳しい批判を浴びることになります。

もう１つは、「**チャンスとしての環境問題**」です。例えば、地球温暖化問題が深刻化することにより、温室効果ガスを出さない再生可能エネルギーへの期待が高まり、その関連マーケットが大きくなってきています。こうしたビジネスチャンスを見据えて参入し、成功を収めている企業も少なくありません。

このように、プラス・マイナスの両側面を持つ「環境インパクト」に積極的にかかわり、企業価値を最大化させようとする企業が増えているのです。

⑵ ISO14001、CSR、そしてESGへ

① 地球サミットとアジェンダ21

企業が環境問題に熱心に取り組む姿が注目されるようになったのは、1990年代からだと思われます。大きなきっかけは、**地球サミット**でした。

地球サミットの正式名称は「**国連環境開発会議**」であり、1992年にブラジルのリオデジャネイロで開催された首脳レベルの国際会議を指します。地球環境の保全と**持続可能な開発**（Sustainable Development）の実現に向けた施策について議論され、「**環境と開発に関するリオデジャネイロ宣言**」(**リオ宣言**) が採択されるとともに、その諸原則を実施するための「**アジェンダ21**」なども合意されました。

アジェンダ21には、次のような、環境問題に対する企業の取組みを促す事項も盛り込まれました。

「18. 企業の環境的責任並びに企業の説明責任を向上させる。これは、あらゆるレベルにおける以下の行動を含む。

(a) 国際標準化機構（ISO）の基準や持続可能性の報告についての地球的規模報告イニシアティヴのガイドラインといったイニシアティヴを考慮に入れ、環境と開発に関するリオ宣言の第11原則を念頭に置きつつ、環境マネジメントシステム、行動規範、認証制度、環境及び社会問題に関する一般市民への報告を含む自主的なイニシアティヴを通じて、社会的、環境的遂行能力を向上させるよう、産業界を促すこと」

② ISO14001と企業の環境活動

こうした動きを踏まえて、1996年、非政府組織のISO（国際標準化機構）は、**ISO14001**を発行しました。その後、2004年と2015年に改訂され、現在に至っています。

ISO14001とは、**環境マネジメントシステム**（**EMS**）の国際的な規格です。

「EMS」は、英語の「Environmental Management System」の頭文字をとったものです。

企業などの組織が自主的に環境保全に向けた取組みをするにあたり、ISO14001では、様々な要求事項を設定し、組織はそれに沿って活動を推進していきます。また、外部の審査機関がISO14001の要求事項に沿った活動が行われているかどうかを審査し、認証を与える外部認証の仕組みもあります。現在、日本における認証件数は、２万1976となっており（ISO Survey 2021のデータに基づく）、これら組織が外部認証を受けてEMS活動を推進しています。

ISO14001の基本的な仕組みは、**PDCA**サイクルにあります（**図表６**参照）。PDCAとは、「Plan-Do-Check-Act」という概念であり、活動を行うにあたって、まず計画（Plan）をまとめ、その計画に沿って活動します（Do）。そうした計画及び活動が適切かつ有効かどうかをチェックし（Check）、その継続改善を図る処置を行い（Act）、次のPDCAサイクルに入っていくのです。

ISO14001は、こうしたPDCAサイクルを組織の環境活動に当てはめました。トップマネジメントが策定する環境方針の下に、自らのリスクやチャンス（リスク及び機会）、取り組むべき環境上の課題（著しい環境側面）、

図表６：PDCAサイクル（ISO14001）

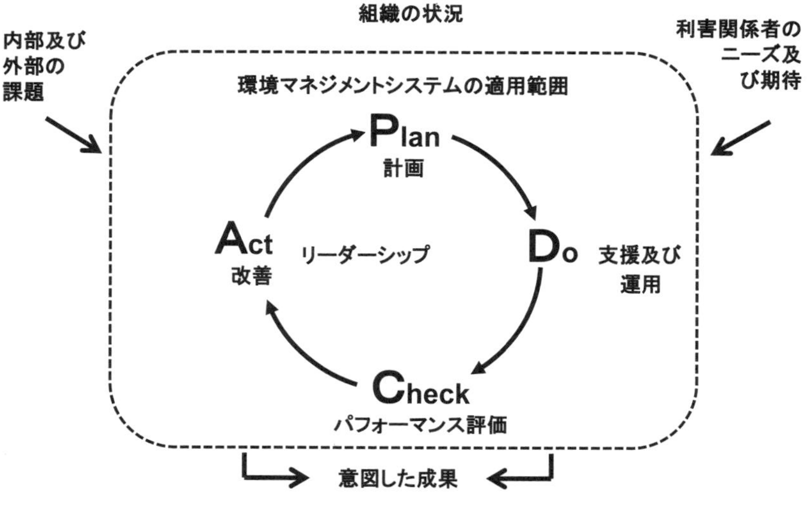

組織の状況
内部及び外部の課題
利害関係者のニーズ及び期待
環境マネジメントシステムの適用範囲
Plan 計画
Do
支援及び運用
Check パフォーマンス評価
Act 改善
リーダーシップ
意図した成果

適用される環境法規制（順守義務）を調査した上で、取り組むべき計画をまとめます。それを一定のルールの下で実行するとともに、内部監査などによって組織内部で活動状況をチェックし、その結果等をトップマネジメントに報告し、活動を不断に見直していくのです。

こうしたISO14001の登場と普及によって、国内の少なくない企業において環境活動を行うことが一般化したことは間違いありません。

③　CSRの進展とESG投資の拡大

2000年代に入ると、**CSR**の動きが普及してきました。

CSRとは、「**Corporate Social Responsibility**」の略であり、「**企業の社会的責任**」と訳されます。企業と言えば、利潤を追求する存在という捉え方が一般的でしたし、おそらくは現在においてもそうした考え方が普通なのかもしれません。これに対して、そもそも企業というものは社会的な存在であり、利潤だけを追求する存在ではないという考えが示されたのです。

この考え方は企業に急速に普及し、大企業を中心にCSRの担当部署が設置され、環境や社会に関する活動を実施するとともに、そうした活動をとりまとめた「CSRレポート」などの制作・公表が相次ぎました。2010年には、社会的責任（SR）の手引きに関する国際規格であるISO26000も発行しています。最近では、こうした要素を含めた「サステナビリティレポート」やIR情報と統合させた「統合レポート」などが公表されることもあります。

「**ESG投資**」という用語もよく耳にします。

従来、企業への投資は、財務情報を基に行われていました。これを財務情報だけでなく、**環境**（**Environment**）・**社会**（**Social**）・**企業統治**（**Governance**）の要素も考慮しながら投資しようというものがESG投資のことです。巨額の資産を長期運用する年金基金などの機関投資家がこのESG投資を積極的に行うに至り、市場で資金調達を図る大企業も無視できなくなりました。

ESG投資の世界全体での総額は、2018年には30.7兆ドルに達し、これは**投資市場の約３分の１**を占めるまでに至っています（2021年１月26日環境省資料）。

その結果、例えば、地球温暖化に影響を与える石炭火力発電所への風当たりが強まり、事業撤退などが相次ぎ、逆に、再生可能エネルギーの普及に弾みがつくなどの事態が生じました。企業の持続性において、もはや「環境」が無視できないものであることを如実に示す事象と言えるでしょう。

3 SDGsと企業

(1) SDGsとは

2010年代後半以降、企業の中で「**SDGs**」が注目されています。

「SDGs（エスディージーズ）」とは、「**持続可能な開発目標（Sustainable Development Goals）**」のことであり、英語の頭文字をとっています。「SDGs」の小文字の「s」は、最後の「ゴール」が複数あるために付いています。

持続可能な社会を実現するため、2030年までの国際的な目標をまとめたものであり、17のゴールと169のターゲットから成る目標です。2015年９月の国連サミットで加盟国が全会一致で採択した文書の一部です。

図表７は、国連広報センターが作成しているSDGsのポスターです。実際はカラフルなもので、街中いたるところで見かけることでしょう。ここには、SDGsが掲げる17のゴールの概要が示されています。

SDGsは、2001年に策定されたミレニアム開発目標（MDGs）の後継として採択されたものです。MDGsは開発分野における国際社会の共通目標でしたが、SDGsには先進国においても取り組むべき普遍的なテーマが含まれています。

またSDGsは、取組みの過程において、「**地球上の誰一人として取り残さない（no one will be left behind）**」ことを宣言しています。これまで、こうした国際社会の取組みが、ともすれば弱い立場の人びとを助けるどころか、その逆の効果を果たしていたこともあったからです。

SDGsに実際に記載されているゴールは、次の**図表８**のとおりです。

図表7：SDGsのポスター

出典：国連広報センター

図表8：持続可能な開発目標（SDGs）

出典：外務省仮訳（IGES作成による仮訳をベースに編集）。
以下、SDGsの原文の出典は同じ。

目標1． あらゆる場所のあらゆる形態の貧困を終わらせる
目標2． 飢餓を終わらせ、食料安全保障及び栄養改善を実現し、持続可能な農業を促進する
目標3． あらゆる年齢のすべての人々の健康的な生活を確保し、福祉を促進する
目標4． すべての人々への包摂的かつ公正な質の高い教育を提供し、生涯学習の機会を促進する
目標5． ジェンダー平等を達成し、すべての女性及び女児の能力強化を行う
目標6． すべての人々の水と衛生の利用可能性と持続可能な管理を確保する
目標7． すべての人々の、安価かつ信頼できる持続可能な近代的エネルギーへのアクセスを確保する

目標８． 包摂的かつ持続可能な経済成長及びすべての人々の完全かつ生産的な雇用と働きがいのある人間らしい雇用（ディーセント・ワーク）を促進する
目標９． 強靱（レジリエント）なインフラ構築、包摂的かつ持続可能な産業化の促進及びイノベーションの推進を図る
目標10. 各国内及び各国間の不平等を是正する
目標11. 包摂的で安全かつ強靱（レジリエント）で持続可能な都市及び人間居住を実現する
目標12. 持続可能な生産消費形態を確保する
目標13. 気候変動及びその影響を軽減するための緊急対策を講じる
目標14. 持続可能な開発のために海洋・海洋資源を保全し、持続可能な形で利用する
目標15. 陸域生態系の保護、回復、持続可能な利用の推進、持続可能な森林の経営、砂漠化への対処、ならびに土地の劣化の阻止・回復及び生物多様性の損失を阻止する
目標16. 持続可能な開発のための平和で包摂的な社会を促進し、すべての人々に司法へのアクセスを提供し、あらゆるレベルにおいて効果的で説明責任のある包摂的な制度を構築する
目標17. 持続可能な開発のための実施手段を強化し、グローバル・パートナーシップを活性化する

また、SDGsは、これらゴールとターゲットが単独で追求されるべきものではなく、相互に関係し合いながら統合的に解決されていくべきものだという考え方を採用しています。

例えば、ゴール５（ジェンダー平等）のターゲットの中には、女性に対する「天然資源に対するアクセスを与えるための改革に着手する」ことが求められています。ゴール15（陸のゆたかさ）を実現させる際には、女性の関与も求められているわけです。

⑵ SDGsの意義

こうしたSDGsについて、「偽善だ」と揶揄する言葉を時折耳にします。「偉い人がSDGsのバッジを胸に付けて、きれいごとばかりを言っているだけではないか。」と冷ややかに見ている人も少なくありません。

経済思想家の**斎藤幸平**氏は、ベストセラーの著書『**人新世の「資本論」**』（集英社・2020年）において、「かつてマルクスは、資本主義の辛い現実が引き起こす苦悩を和らげる『宗教』を『大衆のアヘン』だと批判した。SDGsは

まさに現代版『大衆のアヘン』である。」と厳しく指摘し、大きな波紋を投げかけました。「SDGsはアリバイ作りのようなものであり、目下の危機から目を背けさせる効果しかない。」とも述べています。

確かに、SDGsは法的拘束力のある条約ではなく、各国に具体的な規制措置を講じるようなものではありません。それを唱えていくだけで問題が解決しないことは明らかです。しかし、筆者は、それでも、SDGsには大きな意義があると思っています。

国連広報センターのウェブサイトに毎年SDGsの実現状況が報告されています。2021年の報告を読むと、例えば、「1　貧困をなくそう」という目標に対して、世界の貧困率は2030年には７％にとどまる見込みであり、貧困撲滅の目標に届きそうにないことが示されています。

SDGsがきれいごとばかりを言っているわけでは決してないのです。17のゴールを掲げているということは、それらが達成されていない現状を赤裸々に示していることに他なりません。

世界の課題を可視化させたのがSDGsです。少なくとも、こうした課題が現存し、それに取り組むことが国際社会共通の責務であると、誰もが否定できなくなったという意味で、SDGsが大切なものであることは強調しすぎてもしすぎることはないと筆者は考えます。

Column

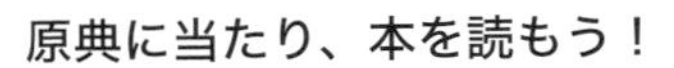

近年、SNS等による情報入手が一般化し、ある問題があっても、第三者による解説を読んで終わらせてしまうことが多い。しかし、物事の真実をつかむには、やはり原典に当たったり、実名で体系的にまとめられた書籍を読んだりすることが確実だ。
SDGsの原文（英語と仮訳）も次の通り外務省ウェブサイトに掲載されているので、ぜひ読んでみてほしい。
https://www.mofa.go.jp/mofaj/gaiko/oda/sdgs/about/index.html

⑶ SDGsと環境

SDGsの17のゴールを見ていると、次の**図表９**のとおり、その多くが環境問題と関係していることに気づかされます。世界の課題の多くが環境問題であることを示しているとも言えるでしょう。

図表９：SDGsと環境

（●：特に関係が深い、○：関係が深い）

	1　貧困をなくそう		10　人や国の不平等をなくそう
○	2　飢餓をゼロに	○	11　住み続けられるまちづくりを
○	3　すべての人に健康と福祉を	●	12　つくる責任、つかう責任
○	4　質の高い教育をみんなに	●	13　気候変動に具体的な対策を
	5　ジェンダー平等を実現しよう	●	14　海の豊かさを守ろう
●	6　安全な水とトイレを世界中に	●	15　陸の豊かさも守ろう
●	7　エネルギーをみんなに。そしてクリーンに		16　平和と公正をすべての人に
○	8　働きがいも経済成長も		17　パートナーシップで目標を達成しよう
○	9　産業と技術革新の基盤を作ろう		

SDGsの全体像をわかりやすく示したものとして、「**SDGsウエディングケーキモデル**」が有名です（**図表10**参照）。

これは、スウェーデンの環境学者のヨハン・ロックストローム氏が考案したSDGsの概念を表す構造モデルであり、17のゴールを「経済（ECONOMY）」「社会（SOCIETY）」「環境（生物圏）（BIOSPHERE）」の３層に分類しています。経済は社会があることによって成り立ち、社会は環境があることによって成り立つという考え方を示しているのです。この図を見ても、環境問題に取り組むことの重要性がよくわかります。

⑷ SDGsと生物多様性

生物多様性に関する直接的なゴールとしては、ゴール14と15があります。これらゴールとターゲットは、次の**図表11**の通りです。

図表10：SDGsウエディングケーキモデル

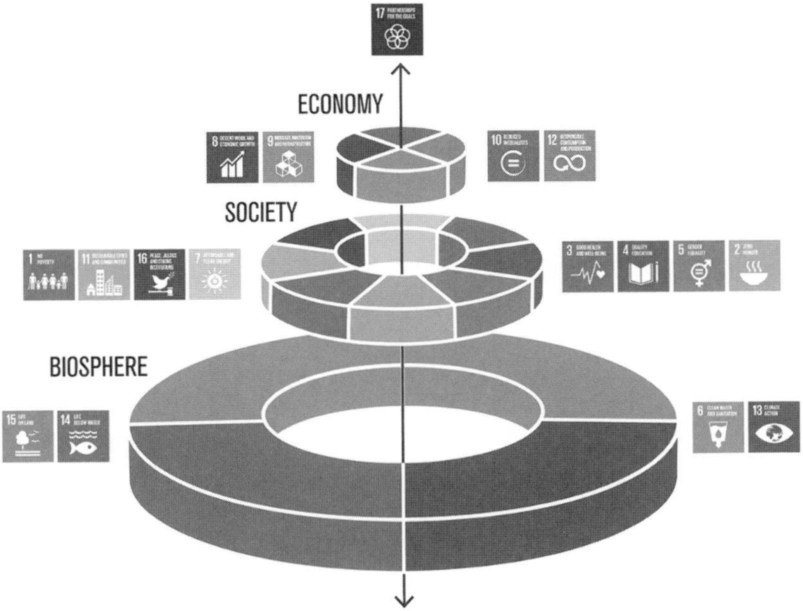

出典：Stockholm Resilience Centre

図表11：SDGs目標14及び15のゴール、ターゲット

■目標14.　持続可能な開発のために海洋・海洋資源を保全し、持続可能な形で利用する

14.1　2025年までに、海洋堆積物や富栄養化を含む、特に陸上活動による汚染など、あらゆる種類の海洋汚染を防止し、大幅に削減する。

14.2　2020年までに、海洋及び沿岸の生態系に関する重大な悪影響を回避するため、強靱性（レジリエンス）の強化などによる持続的な管理と保護を行い、健全で生産的な海洋を実現するため、海洋及び沿岸の生態系の回復のための取組を行う。

14.3　あらゆるレベルでの科学的協力の促進などを通じて、海洋酸性化の影響を最小限化し、対処する。

14.4　水産資源を、実現可能な最短期間で少なくとも各資源の生物学的特性によって定められる最大持続生産量のレベルまで回復させるため、2020年までに、漁獲を効果的に規制し、過剰漁業や違法･無報告･無規制（IUU）漁業及び破壊的な漁業慣行を終了し、科学的な管理計画を実施する。

14.5 2020年までに、国内法及び国際法に則り、最大限入手可能な科学情報に基づいて、少なくとも沿岸域及び海域の10パーセントを保全する。

14.6 開発途上国及び後発開発途上国に対する適切かつ効果的な、特別かつ異なる待遇が、世界貿易機関（WTO）漁業補助金交渉の不可分の要素であるべきことを認識した上で、2020年までに、過剰漁獲能力や過剰漁獲につながる漁業補助金を禁止し、違法・無報告・無規制（IUU）漁業につながる補助金を撤廃し、同様の新たな補助金の導入を抑制する。

14.7 2030年までに、漁業、水産養殖及び観光の持続可能な管理などを通じ、小島嶼開発途上国及び後発開発途上国の海洋資源の持続的な利用による経済的便益を増大させる。

14.a 海洋の健全性の改善と、開発途上国、特に小島嶼開発途上国及び後発開発途上国の開発における海洋生物多様性の寄与向上のために、海洋技術の移転に関するユネスコ政府間海洋学委員会の基準・ガイドラインを勘案しつつ、科学的知識の増進、研究能力の向上、及び海洋技術の移転を行う。

14.b 小規模・沿岸零細漁業者に対し、海洋資源及び市場へのアクセスを提供する。

14.c 「我々の求める未来」のパラ158において想起されるとおり、海洋及び海洋資源の保全及び持続可能な利用のための法的枠組みを規定する海洋法に関する国際連合条約（UNCLOS）に反映されている国際法を実施することにより、海洋及び海洋資源の保全及び持続可能な利用を強化する。

■目標15. 陸域生態系の保護、回復、持続可能な利用の推進、持続可能な森林の経営、砂漠化への対処、ならびに土地の劣化の阻止・回復及び生物多様性の損失を阻止する

15.1 2020年までに、国際協定の下での義務に則って、森林、湿地、山地及び乾燥地をはじめとする陸域生態系と内陸淡水生態系及びそれらのサービスの保全、回復及び持続可能な利用を確保する。

15.2 2020年までに、あらゆる種類の森林の持続可能な経営の実施を促進し、森林減少を阻止し、劣化した森林を回復し、世界全体で新規

植林及び再植林を大幅に増加させる。

15.3　2030年までに、砂漠化に対処し、砂漠化、干ばつ及び洪水の影響を受けた土地などの劣化した土地と土壌を回復し、土地劣化に荷担しない世界の達成に尽力する。

15.4　2030年までに持続可能な開発に不可欠な便益をもたらす山地生態系の能力を強化するため、生物多様性を含む山地生態系の保全を確実に行う。

15.5　自然生息地の劣化を抑制し、生物多様性の損失を阻止し、2020年までに絶滅危惧種を保護し、また絶滅防止するための緊急かつ意味のある対策を講じる。

15.6　国際合意に基づき、遺伝資源の利用から生ずる利益の公正かつ衡平な配分を推進するとともに、遺伝資源への適切なアクセスを推進する。

15.7　保護の対象となっている動植物種の密猟及び違法取引を撲滅するための緊急対策を講じるとともに、違法な野生生物製品の需要と供給の両面に対処する。

15.8　2020年までに、外来種の侵入を防止するとともに、これらの種による陸域・海洋生態系への影響を大幅に減少させるための対策を導入し、さらに優先種の駆除または根絶を行う。

15.9　2020年までに、生態系と生物多様性の価値を、国や地方の計画策定、開発プロセス及び貧困削減のための戦略及び会計に組み込む。

15.a　生物多様性と生態系の保全と持続的な利用のために、あらゆる資金源からの資金の動員及び大幅な増額を行う。

15.b　保全や再植林を含む持続可能な森林経営を推進するため、あらゆるレベルのあらゆる供給源から、持続可能な森林経営のための資金の調達と開発途上国への十分なインセンティブ付与のための相当量の資源を動員する。

15.c　持続的な生計機会を追求するために地域コミュニティの能力向上を図る等、保護種の密猟及び違法な取引に対処するための努力に対する世界的な支援を強化する。

こうして個別のターゲットを見ると、抽象的でわかりづらい内容が多いと思います。また、私たち一人ひとりの市民や個々の企業が取組むべき内容というよりは、国が取組むべきものが多くあります。これは、SDGsが加盟国間で合意した国際文書であり、調整・妥協の産物であることを踏まえれば、当然のことです。

とはいえ、これを掘り下げていくことで、市民や企業が取組むべきテーマも明確にすることができます。

例えば、「14.1　2025年までに、海洋堆積物や富栄養化を含む、特に陸上活動による汚染など、あらゆる種類の海洋汚染を防止し、大幅に削減する。」とあります。現在、海洋汚染で最も注目されている環境問題と言えば、海洋プラスチック問題です。したがって、「海洋汚染」の言葉の中に海洋に流出しているプラスチック廃棄物のことも含めて、その対策を講じるのです。

＜第２章　参考文献＞

・足達英一郎『環境経営入門』（日経新聞社・2009年）
・宮本憲一『維持可能な社会に向かって　～公害は終わっていない』（岩波書店・2006年）
・蟹江憲史『SDGs（持続可能な開発目標）』（中央公論新社・2020年）
・安達宏之「ISO14001改正のポイント」（大栄環境ウェブサイト・2014年～2018年連載）
https://dinsgr.co.jp/sales/resolution/column/

第3章
企業と生物多様性

巨大工場内に創出された水辺と森。都市化が進む地域において、本来普通に生息していた生物が普通に生息できる場となっている。小学生向けの環境学習も継続的に行う。生物多様性保全のために企業は何ができるか。環境担当者の模索は続く。

1　なぜ、企業は生物多様性保全に取り組むべきなのか

(1)　企業が生物多様性保全に取り組む理由

2009年、環境省は、事業者向けに、生物多様性の保全に向けた基礎的な情報や考え方などを取りまとめた「**生物多様性民間参画ガイドライン**」を策定しました。その後、2017年12月に改訂を行っています（第2版）。

同ガイドラインでは、次のように、事業者が、なぜ生物多様性に取り組むべきなのかをまとめています（「ガイドライン」エグゼグティブサマリーより引用。ゴシックは引用者）。

「　**1つは、リスクへの対処**です。このまま資源乱獲を続けると、原材料不足や調達コストの増大となって自社に跳ね返ってくる可能性もあります。また、生物多様性への悪影響の顕在化による企業ブランドのイメージ低下につながるおそれがあります。更に生物多様性に関連する法令や規制などは、今後ますます強化されていくでしょう。そのための備えとして今から取組を開始することは、将来的な市場競争を高める効果も期待できます。

2つ目は、チャンスへの適応です。積極的な取組による企業価値の向上や同業他社との差別化による競争力の強化に加え、消費者や投資家へのアピール、自社従業員の満足度向上など、直接的・間接的なメリットを享受できる可能性はこれまで以上に高まると考えられます。

このように、事業者が生物多様性に取り組むことは、**特に経営戦略でのメリットが大きく**、たとえ今は明確な影響が生じていなくとも、近い将来そのような時代が到来します。自社の継続的な発展に寄与することが容易に想像できると思われます。」

(2)　経営問題になりつつある生物多様性

前章で解説したように、昨今、ESG投資の動きが強まる中で、企業にとって環境問題に対応することは経営問題になってきています。

企業にも気候変動（地球温暖化）対策への取組み状況などの情報開示を求

める要請が強まってきました。その開示の枠組みである「**TCFD**」が設立され（コラム参照）、開示方法等が示されています。実際にこれに注力する企業も数多くあります。

一方、従来は、生物多様性を巡る国や企業の取組みは必ずしも積極的なものではありませんでした。2010年、生物多様性条約第10回締約国会議（COP10）が愛知県名古屋市で開催され、2020年までの国際目標として「**愛知目標（愛知ターゲット）**」が合意されました。ここでは、森林を含む自然生息地の損失半減等や（目標５）、絶滅危惧種の絶滅防止（目標12）などが掲げられたものの、その結果は、未達成が14目標、部分的達成が６目標にとどまっています（2020年９月地球規模生物多様性概況第５版による）。

2022年12月には、生物多様性条約第15回締約国会議（COP15）において「**昆明・モントリオール生物多様性枠組**」が採択され、新たな世界目標が設定されました。「自然と共生する世界」を2050年ビジョンと定め、2050年までに自然生態系を大幅に増加するなどの４つのゴールを定めました。

また、それらを実現するため、2030年ミッションとして、生物多様性の損失を止め、反転させ、回復軌道に乗せるための緊急の行動をとることも定めました。具体的には、2030 年までに陸域と海域の少なくとも 30％以上を保全するという「**30 by 30**（サーティー・バイ・サーティー）」目標（ターゲット３）、ビジネスにおける生物多様性への影響評価・情報公開の促進（ターゲット15）など、23のターゲットも定めました。

「生物多様性の損失を止め、回復軌道に乗せること」を「**ネイチャーポジティ**

Column

TCFDとは？

正式名称は「気候関連財務情報開示タスクフォース（Task Force on Climate-related Financial Disclosures）」。G20の要請を受け、金融安定理事会（FSB）により、気候関連の情報開示と金融機関の対応を検討するために設立。2017年に最終報告書を公表、企業等に気候変動関連の所定項目の開示を推奨した。世界では4,075、日本では1,158の企業・機関が賛同の意を示している（2022年12月22日時点。TCFDコンソーシアムホームによる）。

ブ」と言います。いま、世界はネイチャーポジティブの実現に動き出したのです。

新たな世界目標設定の動きの中で、企業に生物多様性保全を求める動きも活発化しています。TCFDの自然版として、**TNFD**（自然関連財務情報開示タスクフォース）が英国政府、国連開発計画、国連環境計画などの支援のもと、各国の専門家等により設立され、2022年３月には自然関連の企業情報開示の枠組み案が公表されました（2023年最終版公表予定）。

この他にも、サプライチェーン全体で生物多様性への悪影響を半減させようとする動きや、生物多様性に関するISOの検討など、生物多様性が経済活動の基盤にあるという認識の下での新しい動きが広がりつつあります。

2 事業者の基本的な考え方と取組み方法

(1) 基本的な考え方

ガイドラインでは、事業者が生物多様性の保全と持続可能な利用のための活動を行う際の基本的な考えとして、次の基本原則を提示しています。

「基本原則１：生物多様性に及ぼす影響の回避・最小化と保全に資する事業活動の拡大

生物多様性の利用においては、社会経済活動の変化に伴い、国内外の生物多様性が損なわれてきたことを踏まえ、事業活動が生物多様性に及ぼす影響を回避又は最小化し、土地と自然資源を持続可能な方法で利用するよう努めることが重要です。

一方、事業活動そのものや事業活動が生み出す様々な技術、製品、サービス、ソリューションが生物多様性の保全や持続可能な利用に貢献する可能性も大いにあるため、これらに積極的に取り組むことが必要です。

基本原則２：予防原則に則った予防的な取組と順応的な取組

生物多様性は、微妙な均衡を保つことで成り立っており、一度損なわれた生物多様性を再生することは困難か、もしくは事実上不可能です。そのため、生物多様性の保全と持続可能な利用においては科学的知見の充実に努めつつ、生物多様性を保全する予防的な取組方法や、事業等の着手後に生物多様性の状況を継続的にモニタリングしながら、その結果に科学的な評価を加え、これを事業等に反映させる順応的な取組方法を用いることが重要です。

基本原則３：長期的な観点

生物多様性からは長期的かつ継続的に多くの恵みがもたらされます。また、生物多様性に対する影響は、様々な要因が複雑に関係していることもあり、比較的長い期間を経て徐々に顕在化してきます。そのため、生物多様性の保全及び持続可能な利用にあたっては、長期的な観点から生態系等の保全と再生に努めることが重要です。」

そのうえでガイドラインでは、次の通り事業者が取組みを検討し、進めていく際に考慮すべき視点を掲げています。

「・**視点１**：事業者の特性・規模等に応じた取組み
・**視点２**：サプライチェーン及びバリューチェーンの考慮
・**視点３**：多様なステークホルダーとの連携と配慮
・**視点４**：課題に対する総合的アプローチ
・**視点５**：目標設定と進捗管理
・**視点６**：社会貢献
・**視点７**：情報発信・公開」

また、事業者における生物多様性に関する取組みには、次の通り２つに分けられると指摘しています。

「・**事業者共通の取組み**
（①体制の構築、②事業活動と生物多様性の関係性把握、③方針・目標の設定、④計画の立案、⑤内部への能力構築、⑥外部ステークホルダーとの連携・コミュニケーション、⑦モニタリング、⑧計画の見直し）

・**事業活動ごとの取組み**

（①原材料調達、②生物資源の利用、③生産・加工、④投融資、⑤販売、⑥研究開発、⑦輸送、⑧土地利用・開発事業、⑨保有地管理）」

⑵ 取組み方法

企業が、生物多様性の保全に向けた取組みを行うに当たり、目標や活動テーマを設定することはもちろん大切です（これは次節で取り上げます）。しかし、より重要なことは、経営層の強力な関与を示し（トップコミットメント）、確実に運用し続けられるような仕組みを整備することです。

本書では繰り返し企業が環境活動を行うことの重要性を指摘していますが、一般に、企業内部においてそう考える人が必ずしも多いわけではありません。それを実施するには、トップの関与と仕組みが不可欠なのです。

また、生物多様性の取組みは（1）で述べたように、長期的な視点が特に求められるテーマです。一過性の活動に終わらせないためにも必要です。

この点で、活動のヒントになるのがISO14001です。前述したように、ISO14001は、組織に対して、PDCAサイクルに基づく環境活動を求めています。その「P（Plan）」の第一歩として、組織のトップに対して「環境方針」を策定し、その周知と公表を要求しています。

この環境方針には生物多様性の保全も含まれます（**図表12**）。

図表12：ISO14001の環境方針への要求事項（抜粋）

5.2 環境方針	トップマネジメントは、組織の環境マネジメントシステムの定められた適用範囲の中で、次の事項を満たす環境方針を確立し、実施し、維持しなければならない。〔略〕 ・汚染の予防、及び組織の状況に関連するその他の固有なコミットメントを含む、環境保護に対するコミットメントを含む。〔略〕 注記　環境保護に対するその他の固有なコミットメントには、持続可能な資源の利用、気候変動の緩和及び気候変動への適応、並びに**生物多様性及び生態系の保護**を含み得る。

このように、ISO14001では、コミットメントの対象を「汚染の予防」だけでなく、広く「環境保護」に広げており、この「環境保護」の内容の１つとして「生物多様性及び生態系の保護」を含めているのです。

経営者の方針の１つに生物多様性の保全を据え、それを動かすための体制を整備し、PDCAサイクルにより継続的な取組みを行うことにより、「目標や活動テーマの選定→実施→評価→見直し」を繰り返していけば、活動がスパイラルアップしていくことでしょう。

3　生物多様性保全に向けた企業の取組み

(1)　試行錯誤の取組み

現在、様々な企業において生物多様性保全の取組みとしてどのようなものがあるかが検討され、一部実践されています。

とはいえ、取組内容を探し出せずに苦慮する企業も少なくありません。環境活動のうち、地球温暖化対策であれば省エネに関する活動、資源循環対策であれば省資源や廃棄物削減に関する活動と、取組内容を比較的容易に探し出すことができます。しかも、これら活動は、多くの場合コスト削減などにつながり、企業の競争力の強化にもつながるので、企業としても対応しやすいものであると言えるでしょう。

しかし、生物多様性の活動については、対象テーマの抽出や本業貢献とのつながりを整理するのが難しいと言われます。

例えば、ある金属部品を製造する工場を持つ企業を想定してみましょう。この企業にとっての生物多様性に関する取組内容にはどのようなものがありうるでしょうか。しばしば出てくる取組内容としては、近隣での植樹活動への社員派遣などが聞かれます。しかし、これが本業にとってどのような意味を持つのか疑問に感じる企業担当者も少なくありません。

(2)　本業の中にある生物多様性保全の活動とは

一般に、持続的で効果的な環境活動を行うのであれば、本業と融合する形で環境の活動を位置付けて実施することが不可欠です。これは、生物多様性保全の取組みも例外ではありません。その意味で各企業が生物多様性保全の活動を検討する際は、まず自社の事業活動の中で生物多様性保全に（プラス・マイナス両面において）影響を与えているものとしてどのようなものがあるのかを検討することが求められます。

以下、取組事例をいくつか紹介しましょう。

① 川崎汽船（海運業）のバラスト水対策

現在、沿岸域への外来生物の侵入を促す問題として「バラスト水」問題があります。大手海運業の川崎汽船株式会社では、次のようにバラスト水対策を実施しています（川崎汽船ウェブサイトより引用。2022.10.29確認）。

「船体の安定を保つバラスト水には海洋生物が含まれ、排出された海域の生態系に影響を及ぼすことがあるため、船体の安定性や安全性を確保しつつ生物の少ない洋上でバラスト水を入れ替え、生態系への影響を小さくしています。

また、バラスト水管理条約発効後に搭載が義務付けられるバラスト水処理装置の調査、検討を進めている他、必要なバラスト水を最小とした大型コンテナ船や、コンクリート製固定バラストを持つ自動車船を導入するなど、生態系への影響を最小化するよう取り組んでいます。2017年９月８日に「船舶のバラスト水及び沈殿物の規制及び管理のための国際条約」（以下、バラスト水管理条約）が発効され、バラスト水処理装置が搭載されるまでは、バラスト水交換基準に則したバラスト水の管理が要求されていますが、当社は発効の有無にかかわらず今後も適切に、規則に従ったバラスト水管理を励行し続けます。」

② 花王のマイクロプラスチック対策

現在、海洋に流出するマイクロプラスチックが大きな問題となっています。マイクロプラスチックとは、マイクロサイズのプラスチックを指します。これには、化粧品などに使用するマイクロビーズのような「１次マイクロプラスチック」と、大きなプラスチックが廃棄され、海洋などを漂う中で劣化や波などで細分化された「２次マイクロプラスチック」の２種類があります。

化粧品会社大手の花王は、次のようにマイクロプラスチック対策を実施しています（花王ウェブサイトより引用。2019年６月11日確認）。

「**マイクロプラスチックビーズへの対応**

洗い流す化粧品や歯磨きなどに、角質除去や洗浄の目的でスクラブ剤が配合されているものがあります。そのスクラブ剤として使用されているもののうち、「マイクロプラスチックビーズ」について、近年、環境への影響が懸念されています。

花王グループの日本で販売している「ビオレ」「メンズビオレ」の洗顔料、全身洗浄料に使用しているスクラブ剤は、天然由来の成分（セルロース、コーンスターチ）を使用して花王が開発したものです。また、歯磨きの「クリアクリーン」の顆粒も、天然由来の成分で、いずれも、マイクロプラスチックビーズには該当しません。

ただし、ごく一部の洗い流すプレステージ化粧品、海外で販売している全身洗浄料のごく一部には、マイクロプラスチックビーズに該当する成分を使用していましたが、2016年末までにすべて代替素材に切り替えました。

花王グループは今後も環境に配慮した商品づくりを進めてまいります。」

⑶　生物多様性の視点で見つめなおす事業所緑地

工場や事業所を持つ企業の中には、自社の管理用地の中で生物多様性の保全に向けた活動をしているところもあります。

①　石坂産業（廃棄物処理業）の緑地活動

産業廃棄物の処理を行う石坂産業株式会社（埼玉県入間郡三芳町）は、産業廃棄物の中間処理施設を持ち、建設廃棄物の資源化を行っています。そのユニークな取組みが、廃棄物処理業界だけでなく、製造業を含めて全国的な注目を集めている企業です。

工場への見学者は毎年３万人であり、筆者も2018年５月に見学しました。

そのときに見聞きした様子をまとめると次の通りとなります。

工場の管理敷地は約18万㎡あり、東京ドーム４個分に相当します。そのうち、緑地が実に90％を占めています。しかも、その森林は、ハビタット評価認証制度（JHEP）の「AAA」認証を取得するほど、森林としての機能が高いものです。JHEPとは、生物多様性の保全・回復に資する取組みを定量的に認証する仕組みであり、日本生態系協会が運用する制度です。敷地内の森林の中にいると、まるで工場と近接していることを忘れてしまうほど、緑が広がっています。

かつて産業廃棄物処理場反対運動に直面し、それを踏まえて、「自然と地域と共生」や「100年先が見える工場」をスローガンに掲げ、活動に取り組みました。森林については自社用地ではなく、近隣から借りているそうです。土地を買い取らずにあえて借りる選択をしたのは、地域とのつながりを保つためだということでした。

このように、石坂産業は、企業としての持続的な発展を視野に入れながら地域と共生するために森林維持に取り組んでいます。

②　パナソニック株式会社 草津工場の取組み

「パナソニック（株）くらしアプライアンス社草津拠点は、生物多様性に配慮した事業場として2018年３月に（一社）いきもの共生事業推進協議会の「いきもの共生事業所認定（ABINC認証）」を取得しました。審査の中では、自然環境を適切に保全し多様な生きものに応じた緑地づくりを進めていること、特定外来種についても適宜管理が行われ、モニタリング設

外来種と緑化

企業が事業所の緑化を行う際、ついつい安価で維持しやすい植物を使用しがちだ。しかし、事業所緑地も地域の生物多様性に関わる大切な区域である。
「神戸市生物多様性の保全に関する条例」では、市や事業者に対して「緑地の造成その他の緑化に係る事業を行うときは、規則で定める植物種を使用しないよう努めなければならない。」という規定を設けている。具体的には、「神戸版ブラックリスト」に掲載された園芸スイレンなど29の外来種が指定されている。

置で状況把握されていること、また、自治体や小学生など外部関連主体・地域の人とのコミュニケーションに緑地が積極的に活用されていること、などが評価されました。

2011年から継続しているモニタリング調査で840種の動植物が確認され、都市化が進む地域において重要なビオトープであり、地域のエコロジカルネットワークの形成にも貢献していることがわかりました。また、ドングリをテーマとした小学生向け環境学習の継続的な実施が「生物多様性の主流化に貢献する取り組み」として高く評価され、2020年１月に第２回ABINC賞優秀賞を受賞しました。」

（パナソニック株式会社ウェブサイトより引用。2022.10.6確認）

③　旭化成株式会社 守山製造所の取組み

「2015年度からは、絶滅のおそれがある淡水魚「ハリヨ」の生息域外保全活動を、2016年度からは滋賀県に事業所を持つ企業や地域と協働でのトンボの保全活動を開始しました。2021年度は、守山製造所内のビオトープ「もりビオ」で保護増殖に取り組んでいるハリヨの生息状況調査を行い、100匹以上の個体が生息していることを確認しました。また、自然界への放流の検討を行うにあたり、滋賀県立琵琶湖博物館の学芸員と協働で滋賀県能登川でのハリヨ調査を実施しました。加えて、守山市金森自治会の湧水公園のハリヨの保全として、アメリカザリガニの駆除、ハリヨの保護増殖用の囲いの設置などを実施しました。今後も、地域と連携しハリヨの保護増殖に取り組みます。

滋賀県内に事業所を持つ企業と連携（生物多様性びわ湖ネットワーク）して取り組む「トンボ100大作戦～滋賀のトンボを救え！」では、地域との協働で湿地に生息するトンボ「マイコアカネ」の生息状況調査ならびにコンテナビオトープを用いた保全に取り組んでいます。2021年度は、もりビオにて繁殖・羽化したマイコアカネを初確認できました。また、もりビオのいきもの調査では、希少種であるヨツボシトンボ、タイコウチやイチョウウキゴケなども確認でき、もりビオが地域の生物多様性の保全に欠かせない場所であることを実感できました。今後も多様な主体と連携し生物多様性保全活動に取り組みます。」

（旭化成株式会社ウェブサイトより引用。2022.10.29確認）

＜第３章　参考文献＞

・高橋真樹『日本のSDGs　～それってほんとにサステナブル？』（大槻書店・2021年）

・藤田香『SDGsとESG時代の生物多様性・自然資本経営』（日経BP社・2017年）

・安達宏之「EMSを課題解決のコアに据える　～サステナブルな経営へ」（月刊アイソス・2022年10月～2023年３月連載）

第4章
海の生物多様性と倫理、社会①
―東京湾三番瀬の自然と開発

三番瀬干潟散策会。環境NPO「三番瀬フォーラム」が1990年初頭から続けている。現在の事務局長・清積庸介（写真中央）は、中学生のころに父親とこの散策会に参加して現在に至る。「観察」ではなく「散策」。参加者の感性を大切にしながら三番瀬の魅力を伝えている。

1　干潟・浅瀬の役割

(1)　「生きものたちのゆりかご」、干潟・浅瀬

海には潮の満ち引きがあり、海面が高くなったり低くなったりします。潮が引いたときに、砂や泥の大地が広がり、そこで潮干狩りをしたことがある人も多いことでしょう。こうした場所が典型的な干潟です。

干潟は、砂や泥からなり、満潮のときに海面下にあるものの、干潮のときには海面上に現れます。波の影響をあまり受けず、河川などからの砂や泥が供給され、海岸や河口付近に広がります。

砂浜の全面に広がる「前浜干潟」が潮干狩りをしやすい場所として有名ですが、それだけでなく、川の河口部に広がる「河口干潟」、川などとつながる湖沼の「潟湖干潟」もあります。

干潟や、干潟を含む浅い海域（以下、「**干潟・浅瀬**」という）には、河口から、生物に欠かせない大量の有機物や栄養塩が流れ込み、潮汐によって海から大量のプランクトンが入ってきます。

栄養塩などによって植物プランクトンが増え、それを動物プランクトンや多毛類、貝類が食べます。さらに、それらを鳥類や魚類などが食べます。こうした食物連鎖が成立し、多種多様な生物が干潟・浅瀬に集まっているのです。

また、干潟・浅瀬は、「**生きものたちのゆりかご**」ともいわれています。エサが豊富で水深が低い干潟・浅瀬は、生物の産卵や幼少期の生育の場として重要な役割を果たしています。

こうした生物の営みによって、河川などから流入してくる有機物が消費・分解され、干潟の水が驚くほどに透明に見えることがあります。これは「**干潟の浄化作用**」と呼ばれ、干潟の役割として重要なものです。

さらに、こうした場は、人間にとっても重要な役割を果たします。

漁業に果たす干潟・浅瀬の役割は極めて大切なものがあります。干潟・浅瀬で生息する二枚貝などを採取する漁業にとってはもちろん、漁獲対象となる魚介類の産卵などの場にもなっているからです。

漁業者だけではありません。潮干狩りをすること、魚釣りをすること、海

辺を散歩すること、様々なマリンレジャーを楽しむこと……。人によってそのかかわり方はいろいろあるのでしょうが、干潟・浅瀬は、多くの人びとにとって、自然のめぐみを実感できる場となっています。

⑵　在りし日の海辺を歩く

現在、潮の引いた干潟へ行こうとしても、コンクリートの岸壁を降りて行く場所が多いことでしょう。日本の海岸の多くでは人工護岸が増えてしまい、本来の自然の海岸地形が少なくなっているためです。

では、開発前の干潟の姿とは、どのようなものなのでしょうか。本来の自然の姿を残している干潟の１つ、東京湾岸の**小櫃川**（おびつがわ）**河口・盤洲**（ばんず）**干潟**を紹介しましょう。

ここは、次の**図表13**の通り、千葉県木更津市にあります。東京湾アクアラインの真横に広がる東京湾最大の湿地、干潟・浅瀬です。河口部の塩性湿地と沖合の干潟・浅瀬が連続的につながり、極めて豊かな生物相を形成しています。

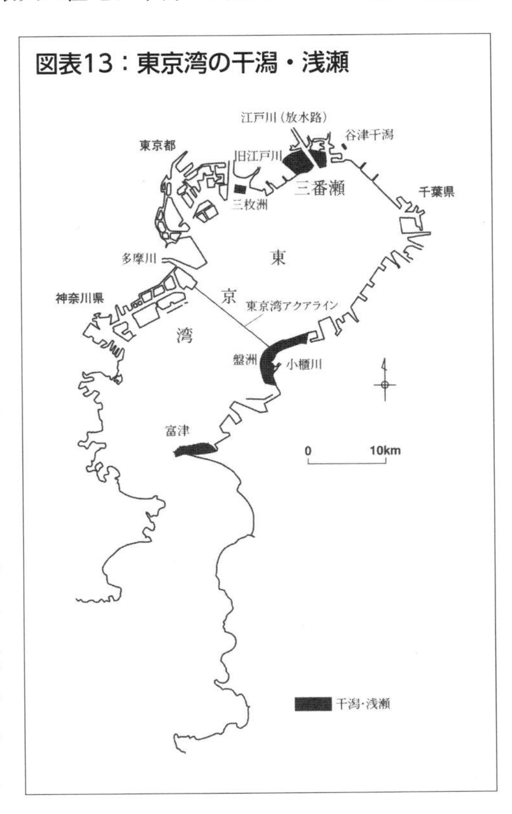

図表13：東京湾の干潟・浅瀬

例えば、カニ（甲殻類）に着目して、陸から海に向かって歩いてみましょう。この干潟の陸域側の多くは田んぼです。その用水路には、アカテガニやベンケイガニ、クロベンケイガニなどが多くみられます。その近辺のヨシの茂みにも、同じカニがたくさんいます。

ヨシ原の途中で見られる河川の支流には、泥干潟が広がっています。その中でも乾いた箇所にはチゴガニが、すこし水没している箇所にはヤマトオサガニがいます。さらにヨシ原を歩いて行くと、カサカサと音を立ててヨシ原の中を歩くカニがたくさん見られます。アシハラガニです。

そして、数十分歩くと、ようやくヨシ原を抜けて、広大な干潟が広がります。ヨシの残る手前に数えきれないアシハラガニがいます。また、乾いた砂干潟には、コメツキガニとその巣穴が多くみられます。

さらに、沖に向かって干潟を歩いて行くと、すぐにアシハラガニなどは見られなくなり、代わって、オサガニやマメコブシガニなどが時折見られる程度となります。ただ、杭などに、イシガニやイソガニが隠れていることがあります。

以上の通り、様々な種類のカニが微妙に異なる生息環境によってうまくすみわけしていることがわかります。

また、夏の夜、大潮の満潮時、アカテガニのメスが水辺へ一斉に移動し、お腹に抱えていた子どもたちを放ちます（これを「放仔（ほうし）」という）。これは、陸から海までの連続した自然の海岸の地形がなければ考えられないものです。

2 三番瀬とは

(1) 東京湾と三番瀬

「**三番瀬**（さんばんぜ）」とは、東京湾に残る干潟・浅瀬の１つです。

東京湾は、東京都、神奈川県、千葉県に囲まれた海域です。南側のみが外洋（太平洋）とつながり、多摩川や江戸川などの河川から淡水が流入してきます。また、大都会の眼前であり、かつ沿岸域には京浜工業地帯や京葉工業地帯があり、世界有数の船舶航行が過密といわれる海でもあります。この東京湾の北側の湾奥に、ポッカリと広がる干潟・浅瀬が、三番瀬なのです。

かつての東京湾の沿岸には、干潟・浅瀬が広大に広がっていました。しかし、その大部分は埋め立てられてしまいました。現在、大規模に残っている干潟・浅瀬は数少なく、そのうちの１つが三番瀬です。

三番瀬は、千葉県船橋市・市川市・浦安市に囲まれた海域です。大潮の最

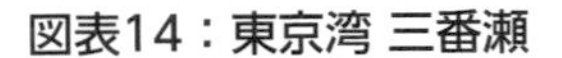

図表14：東京湾 三番瀬

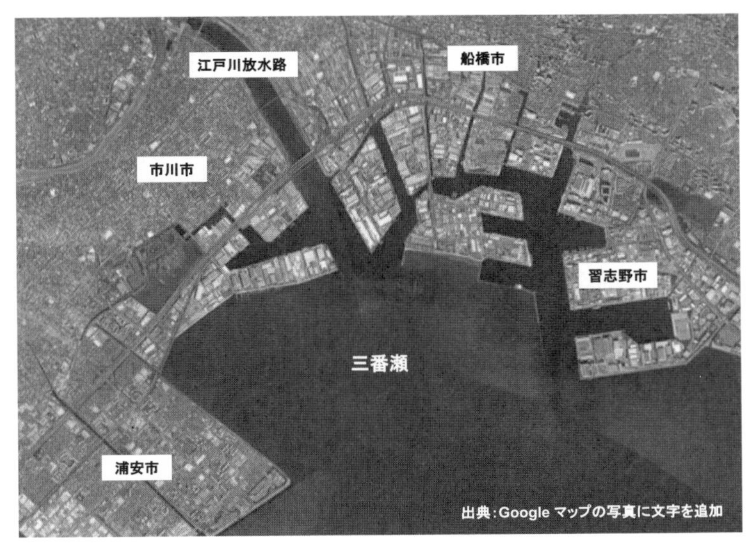

出典:Google マップの写真に文字を追加

干潮で５mよりも浅い干潟・浅瀬のエリアが約1600ha広がっています（南北４km、東西４km）。１mよりも浅いエリアは約1200haとなります（南北４km、東西３km）。

(2)　三番瀬の自然と人びと

三番瀬という自然環境は、後述するように、様々な課題を持っていますが、現在もなお多くの生物を見ることができます。

1990年頃に実施された、筆者も属する環境NPO「三番瀬フォーラム」の調査によれば、目視で確認した生物は340種以上にのぼりました（小埜尾精一・三番瀬フォーラム『東京湾三番瀬　～海を歩く』〔三一書房・1995年〕参照）。その後、1990年代後半に実施された千葉県による環境調査では、（プランクトンを含めて）800種以上が確認されています。

初夏の大潮、三番瀬の干潟を歩けば、たくさんの生物とであうことができます。海浜公園の砂浜から干潟へ入っていくと、まずは無数のコメツキガニが砂団子をつくっている姿を見ることでしょう。

潮だまりには、ハゼやボラの幼魚、スジエビやエビジャコが泳いでいます。その先を少し歩き、砂を掘れば、アサリ、シオフキなどの二枚貝が出てきま

大潮の三番瀬（干潟散策会）　　三番瀬の漁業（貝巻き漁）

す。これら二枚貝は最近めっきり減ってしまいましたが、一方で、航路脇の泥っぽい箇所を掘ってみると、外来種のホンビノスガイがたくさん出てきます。

さらに沖に出ていき、海水に浸かった岩や棒杭をのぞき込めば、イシガニやイソガニがいるかもしれません。ギンポなど、なかなか見ることのできない魚とであうこともあるでしょう。

そして、遠くの干潟を眺めれば、たくさんの鳥たちの姿を見ることができます。春にはハマシギなどのシギ・チドリ、夏には絶滅が危惧されるコアジサシ、冬にはスズガモなどのカモやカイツブリを多く見られます。干潟にすむゴカイやカニ、貝、小魚などを求めて、四季を通して多くの渡り鳥が集まって来るのです。

三番瀬は大都市に残った自然となりますが、現在でもここでは漁業が営まれています。ホンビノスガイやアサリをとる貝巻き漁や、冬場にノリを養殖するノリ漁が主なものです。また、三番瀬近辺にある漁業協同組合（船橋市漁協、市川市漁協）には、沖で展開する巻き網漁や底曳き漁を行う漁業者たちもいます。

漁業者以外にも、様々な形で三番瀬にかかわる人びとがいます。筆者たちのような干潟観察を行うグループも複数います。また、ふなばし三番瀬海浜公園で行われている潮干狩りには多くの人びとが詰めかけてきます。

⑶　三番瀬の課題

三番瀬の自然環境は、前述の通り、いまもなおたくさんの生物が見られる場所です。しかし、一方で、次のように、深刻な問題を抱えている海でもあります。

①　青潮

東京湾では、湾岸3000万人の生活排水によって富栄養化が生じ、大量のプランクトンが発生しています。干潟や浅瀬が減少する中で、これらプランクトンを二枚貝などがエサとして摂取しきれずに、プランクトンは死滅して東京湾の底に沈殿していきます。これをバクテリアが分解することになりますが、このときに海中の酸素を消費するために、湾の低層の海水が酸素の極めて少ない状態となります。これを「貧酸素水塊」といいます。

夏から秋にかけて陸風（北東風）が吹くと、三番瀬の表面の海水が沖に流され、貧酸素水塊が湧昇することがあります。湧昇の際、貧酸素水塊に含まれる硫化水素が化学反応を起こして海水がエメラルドグリーンのような色になります。そこで、この現象が「**青潮**（あおしお）」と呼ばれるのです。

青潮には酸素がほとんど含まれていないために、その中では魚や貝などが生き続けることは困難となります。青潮に三番瀬が覆われると、大量の魚やカニ、二枚貝などが干潟一面に死滅する姿を見ることになります。これは、漁業被害でもあります。この青潮が毎年のように繰り返されており、大きな課題となっています。

②　ヨシ原やアマモ場の消失

干潟とは英語で「tidal flat（潮の干満のある平らなところ）」というように、見た目は平らな砂や泥の土地がどこまでも続くイメージがあります。しかし、実際はゆるやかな傾斜があり、沖に行けば行くほど深くなります。

青潮の被害

微妙な高低差を、生物たちはうまく使い分けます。浅いところと深いところですみわける場合もありますし、成長具合に応じてすむ場所を変える生物もいます。

1960年代から大規模な埋め立てが続き、三番瀬では、次の**図表15**のように、陸側に近い浅い部分はすでに埋め立てられてしまいました。ここには、かつては、小櫃川河口・盤洲干潟のように、**ヨシ原**が生い茂っていたことでしょう。現在、三番瀬を含む東京湾ではハマグリが絶滅していますが、このヨシ原を消失したことが原因の1つとして考えられています。

消失したのは、ヨシ原ばかりではありません。かつて三番瀬の浅瀬には、大規模な**アマモ場**がいくつもありましたが、これも恒常的な群落としては現在消失しています。アマモは、海中に酸素を供給し、生物の産卵や幼少期の生育の場としての役割も果たす重要な植物なので、これを消失してい

図表15：干潟・浅瀬の全体像と現在の三番瀬（イメージ）

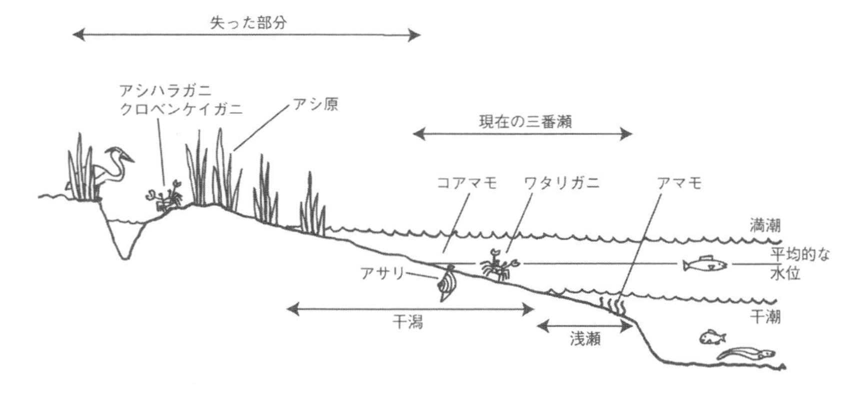

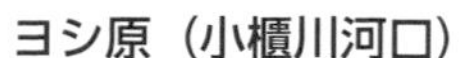
ヨシ原（小櫃川河口）

アマモ場（富津）

る状況は、生物多様性保全にとって重要な課題となります。

③　人びと・街との断絶

現在の三番瀬の大半の海岸線は、**直立護岸**や石積み護岸などにより人が立ち入りづらい構造となっています。工場群や幹線道路に取り囲まれ、一部を除き人びとが居住するエリアと隔絶され、地元では三番瀬を知らない人びとが多くなりました。

アクセスが悪く、日常生活の場でなくなってしまい、さらに行政等による管理も疎かとなってしまった海辺では、ごみの不法投棄や違法な密漁が問題となっています。

漁業者の数も年々少なくなってきています。その原因として、青潮の発生やヨシ原・アマモ場の消失、湾岸の開発なども影響しています。埋立計画が長年続いてきた中で計画的な漁業管理が進まなかったことも原因の１つに挙げられるでしょう。いずれにせよ、漁業者が少なくなってきたことにより、ますます三番瀬という自然環境を見つめる目が減ってきています。

主に1990年代、埋立計画をきっかけに三番瀬が全国的な環境問題の１つとなると、マスメディアでは「埋め立てか、自然保護か」という問題設定をされることが少なくありませんでした。

Column

「追いつめられる海」

三番瀬という自然環境を考える上で、狭いエリアの中だけで考えるのではなく、地球環境という広い視野を持って考えることも重要だ。
環境記者の井田徹治氏の『追いつめられる海』（岩波書店・2020年）では、海をめぐる地球規模の環境問題として、地球温暖化に伴う海水温や海面の上昇、化石燃料の大量使用がもたらす海の酸性化、2050年には魚の量よりも海に流入するプラスチックごみの量が上回るという予測もある海洋プラスチックごみ、海水の富栄養化による海の酸素の減少、乱獲などによる漁業資源の減少などを取り上げている。

しかし、いままで述べてきたように、三番瀬の課題とは、そのような単純な構図では語れないものです（なお、これは、他の地域での環境問題でもしばしば生じることです）。

三番瀬は、日本の自然環境の多くがそうであるように、人が手をつけていない**原生自然（Wilderness）ではない**のです。周囲を埋め立てられ、その大部分はコンクリート直立護岸となり、自然の海岸線が１cmもない海です。大都会から流れ込む生活排水による富栄養化の影響も多大にあります。

人の大きな負荷を受けている自然をどのようにまもるのか。三番瀬の課題を一言でまとめると、こう言えるでしょう。これは、日本の多くの自然が抱える課題でもあります。

3　日本の海辺の開発

(1)　戦後の沿岸開発と自然環境の悪化

日本の海辺のうち、内湾で潮の干満差の大きなところでは、砂や泥からなる干潟が広がっています。淡水と土砂と陸からの栄養分が流れ込む河口は、汽水域と呼ばれ、様々な生物が集う場です。

外洋では、白砂青松と呼ばれる美しい砂浜や、荒々しい岩がむき出しとなった磯（岩礁）が続く海岸も見られます。南へ行けば、河口の浅瀬などにマングローブが群生し、海岸にはサンゴ礁が広がっています。

現在、こうした海辺の自然環境は大きく変貌しています。例えば、日本の海岸の総延長は、約３万3000kmありますが、国の「自然環境保全基礎調査」によれば、自然海岸はそのうちの55.2％にすぎません。本土のみの海岸線となるとさらにその率は低くなり、**自然海岸はわずか44.8％**となります（『環境白書2003年度版』参照）。

干潟も少なくなりました。1945年度には全国で８万2621haあった干潟が、1978年度には５万3856haに激減しています。1998年度には、これが４万9380haとなっています。この半世紀の間に、実に**全国の干潟の40％が消失**してしまったのです（前掲書参照）。

ここで重要なことは、こうした海辺環境の変貌がそれほど古い出来事ではないということです。第二次世界大戦後の高度経済成長に伴い、急速に海辺の開発が進み、自然が破壊されたのです（1950年代後半～1970年代）。

1950年代から1960年代、製鉄所や火力発電所、石油化学コンビナートなどの工場立地のために、1970年代以降は、主に都市再開発や廃棄物の搬入場のために、海辺は埋め立てられ、広大な土地が造成されていきました。

重金属や油、合成洗剤、農薬など、様々な化学物質や有害物質、有機性汚濁物質が河川等を通じて大量に海へ流れ込み、深刻な水質汚濁が生じたのもこの時期です。四大公害病の１つである水俣病が起きたのもこの頃です。化学工場からメチル水銀が水俣湾（熊本県）に流され、それに汚染された魚介類を食べた人びとは脳や神経に重い障害を負い、多くの犠牲者が出ました。

⑵　東京湾の開発

全国の中でも、最も大規模に開発の進んだ海域は、首都の海・東京湾といえるでしょう。

国土交通省関東地方整備局『東京湾水環境再生計画』（2015年改訂版）によれば、昭和40年代から50年代にかけての大規模な埋立てにより、東京湾の水面面積の約２割に相当する約２万5000haが埋め立てられました。現在の海岸の多くは人工護岸であり、昭和30年（1955年）以降に約123kmの自然海岸・浅海域が消失しています。

また、干潟面積も激減しています。明治後期には136㎢の干潟がありましたが、1983年にはわずか10㎢にすぎないという報告があります（環境庁水質保全局『かけがえのない東京湾を次世代に引き継ぐために』1990年）。つまり、**東京湾の干潟の90％以上が消失**してしまったことになるのです。

1960年代後半の東京湾では、油が海面を膜のように覆い、太陽光が反射すると海面が虹色に光っていました。水揚げされた魚介類は油臭く、背骨が曲がった魚もたくさん見られました。この時期には「東京湾の魚は油臭くて食えない」などと言われ、市場で取引が成立しないこともあったそうです。

⑶　漁業者と市民運動の抵抗

こうした開発と自然破壊に対して、漁業者や市民が反対に立ち上がったところもあります。

1958年、東京湾に流れ込む江戸川沿いで操業していた本州製紙は有害物質を垂れ流していました。「黒い水」と呼ばれ、江戸川の河口に位置する千葉県の浦安の漁業に大きな被害を出していたのです。これに怒った浦安の漁業者約1000人が200隻の船で江戸川を上り、本州製紙へ押しかけて抗議し、多数の負傷者・逮捕者が出る大乱闘となりました（**本州製紙事件**）。

この事件をきっかけに、「**水質二法**」（水質保全法と工場排水規制法）が国会で成立しました。後の水質関係法令の中核を担う法律である**水質汚濁防止法**の前身となるものです。

東京湾を含む各地では、海域を埋め立てる計画が浮上すると、漁業者による反対運動が起きました。しかし、その運動の多くでは、行政や進出企業による交渉を通じ、わずかな漁業権補償金と引き換えに、漁業者たちは海を去っていきました。

1960年代から1970年代にかけて、全国各地の海辺で、埋め立てやコンビナート建設などに反対する市民運動が活発になりました。

1967年には、現在の三番瀬の沿岸域となる市川市行徳において、埋め立てに反対し、シギ・チドリ、カモなどの干潟・浅瀬の野鳥をまもろうと「新浜を守る会」が結成され、日本で初めての干潟保護運動となりました。しかし、漁業者の理解は得られずに運動は孤立し、保全を要求していた1000haのうちわずか83haが野鳥保護区として残るにとどまりました。

4 三番瀬埋立問題

(1) 740ha埋立計画

高度経済成長期、東京湾の千葉県側における埋立計画の中には、三番瀬の埋め立ても含まれてきました。1963年の千葉県による**市川二期・京葉港二期計画**では、三番瀬の多くを埋め立てる内容となっていました。

その後、二度に渡るオイルショックを受けて、埋立計画は一度は立ち消えとなったものの、1984年に県は市川二期計画の調査を再開し、1990年には、市川二期・京葉港二期計画の基本構想を策定します。1993年には、市川二期・

京葉港二期計画の基本計画を策定し、埋立面積は740haとなりました（**図表16**参照）。その内訳は、船橋側が主に港湾関連施設や都市再開発用地などから成る270ha、市川側が主に下水道終末処理場や都市再開発用地、公園、住宅などから成る470haです。

三番瀬では、大潮の干潮時において１mよりも浅い海域が1200haとなります。この埋立計画は、三番瀬の実に2/3を埋め立てるという内容でした。

⑵　埋立計画の縮小と自然再生の動き

740ha埋立計画について、漁業者サイドに大きな反対の動きは出ませんでした。既に船橋市漁業協同組合では漁業権を放棄し、また、市川市行徳漁業協同組合や南行徳漁業協同組合は、補償交渉の段階に入っていました。

しかし、三番瀬のほとんどを消滅させてしまう埋立計画に対して、市民レベルでその再考を求める動きが活発化しました。

1988年に発足した「三番瀬研究会」（代表・小埜尾精一）が、「三番瀬」という名を冠した最初の市民団体となります。

その後、三番瀬研究会を母体に、1991年に「三番瀬フォーラム」（代表顧問・

図表16：三番瀬埋立計画（京葉港二期：市川二期計画）

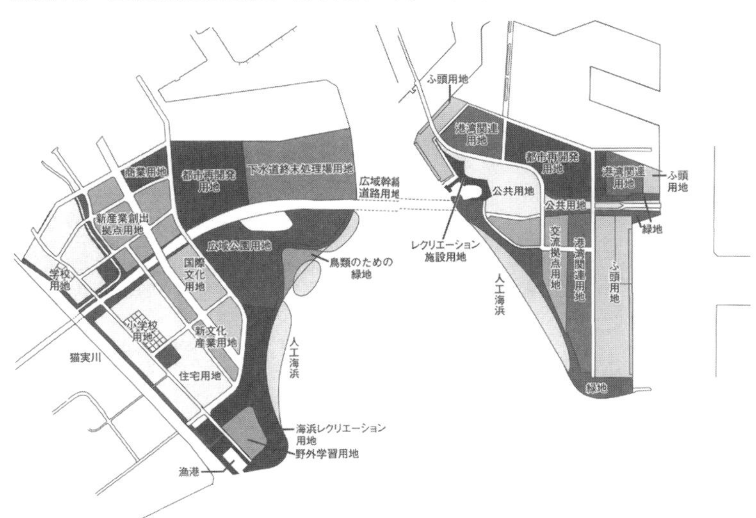

出典：千葉県企業庁

富永五郎、事務局長・小埜尾精一〔当時〕）が設立されました。三番瀬フォーラムでは、埋立計画へのカウンタープランを提示し、様々なシンポジウムなどを開催し、計画再考への世論の喚起に努め、千葉県や地元市（船橋市、市川市など）、関係する国会議員などの政治家にも働きかけました。

1999年、こうした市民レベルでの活動とともに、1990年代初頭からのバブル経済の破綻により、埋立計画は、その面積が740haから101haへと、大幅に縮小されました。埋立事業の内容も絞り、工場移転用地（街づくり支援用地）、下水終末処理場、広域幹線道路（第二東京湾岸道路）などとされました。

ここで重要な動きとして指摘されるべきことは、計画の見直しが単なる埋立面積の縮小にとどまらず、三番瀬の自然再生の必要性への認識が、行政や政治の分野においても一定程度広がったことです。縮小案では、既にある海浜公園や自然干潟が広がる箇所については保存することを決めており、三番瀬フォーラムと千葉県との非公式な協議の場では、（立場の差はあったものの）三番瀬の自然再生に向けて前向きな議論ができるようになっていました。

＜第４章　参考文献＞

・NPO法人三番瀬環境市民センター『海辺再生　東京湾三番瀬』（築地書館・2008年）
・三番瀬フォーラム著・NPO法人三番瀬環境市民センター協力『三番瀬から、日本の海は変わる』（きんのくわがた社・2001年）
・小埜尾精一・三番瀬フォーラム編著『東京湾三番瀬　海を歩く』（三一書房・1995年）
・三番瀬フォーラム　https://sanbanzeforum.wixsite.com/sanbanzeforum

第５章

海の生物多様性と倫理、社会②

—自然再生と市民参加

泥んこになってハスを収穫（妙典小ハス田クラブ）。小学校と地域の方と環境NPOが協力。都市化した地域で、かつての自然を想起しながらハスを育てるとともに、小学校の前の干潟の観察会もする。小さな地域で小さな取組みを続けることの大切さを実感する。

1　自然再生の動き

1997年、九州・有明海にある**諫早湾**（いさはや）では、防災や農地造成を目的にして大規模な干拓事業が実施され、3550haにおよぶ干潟が消失しました。これに世論は強く反発し、干潟保全の観点から疑問を投げかけると同時に、事業の目的や効果を疑問視する声も相次ぎ、「**無駄な公共事業**」との批判を受けました。

翌1998年には、名古屋市の**藤前干潟**の埋立計画が注目されます。名古屋市が廃棄物の最終処分場を確保するために干潟を埋め立てようとしたのです。これには特に環境庁（当時。現在は「環境省」）が異例とも言える強い反発を示したこともあり、結局、埋立計画は中止されました。

この埋立計画において、名古屋市は、自然干潟を埋め立てる代償措置として、自然干潟の沖合にある浅場に土砂を盛り、人工干潟を造成する案を示しました。これに対して環境庁は、専門家による検討会を設置し、自然干潟をつぶす代償として人工干潟を造成することは不適切だと断じ、人工干潟の計画は、埋立計画の中止とともに撤回されました。

こうした自然環境を破壊する公共事業への批判が高まると同時に、21世紀に入ると、行政内部においてそれとは別の公共事業となる「自然再生」に向けた事業の重要性が説かれるようになります。

2001年、小泉純一郎首相が主催する「21世紀『環の国』づくり会議」の報告がまとめられ、次のように提言されました（ゴシックは引用者）。

「衰弱しつつあるわが国の自然生態系を健全なものに蘇らせていくためには、環境の視点からこれまでの事業・施策を見直す一方、順応的生態系管理の手法を取り入れて積極的に自然を再生する公共事業、すなわち「**自然再生型公共事業**」を、都市と農山漁村のそれぞれにおいて推進すること」

2002年には、「**新・生物多様性国家戦略**」が閣議決定されました。この中で、はじめて「自然再生」が生物多様性保全の手法の１つとして、国の中で明確に位置付けられたのです。ここでは、次のように自然再生事業を位置付けています。

「自然再生事業は、人為的改変により損なわれる環境と同種のものをその近くに創出する代償措置としてではなく、過去に失われた自然を積極的に取り戻すことを直接の目的として行なう事業」

ここでは、前述した、藤前干潟を埋め立てる代わりに人工干潟を造成するようなことは、「自然再生」と認めないと宣言したに等しいものです。「自然再生」は、あくまでも「過去に失われた自然」を回復するものと明確に示したといえるでしょう。

この考え方は、同年に制定された「自然再生推進法」にも引き継がれています。

2　三番瀬埋立計画の白紙撤回と「三番瀬円卓会議」

(1)　経緯

2001年３月、堂本暁子氏が千葉県知事に当選しました。同氏は、選挙戦のときから三番瀬埋立計画の白紙撤回を訴えており、計画は白紙撤回されました。

2002年１月、千葉県は、「三番瀬再生計画検討会議」を設置します。これは、「**三番瀬円卓会議**」とも呼ばれ、学識経験者、環境保護団体、漁業関係者、地元住民、地元産業界、公募市民などのメンバーから成ります。

2004年１月、同会議から県に「三番瀬再生計画案」が提出されます。その後、新たな会議体として「三番瀬再生会議」が設置され、「基本計画（素案）」の諮問が行われます。そして、2005年、「基本計画（素案）」が答申され、2006年、基本計画が確定されるに至りました。

しかし、堂本氏が知事に在任していた2009年までの間に、三番瀬の自然再生に向けた本格的な事業が行われることなく、これは現在にまで至っています。大きな事業としては、市川市側の護岸整備が進んだことが挙げられますが、この護岸整備は、直接的には老朽化して危険な護岸の整備事業であり、自然再生につながるものではありません。

⑵ 「三番瀬円卓会議」の失敗から学ぶ

三番瀬円卓会議は、当時、自然再生事業や公共事業について合意形成を図る新しい手法の実践の場として、全国的に注目されました。しかし、その内実は、極めて問題が多かったといわざるをえません。

実は、筆者も、同会議の陸域小委員会に委員として参加していましたが、2003年1月、委員任期延長を辞退しています。このまま任期延長をしたとしても、生産的な議論を行うことはできず、自然再生の施策も進まず、三番瀬の再生にかえってブレーキをかけると判断したためです。

「三番瀬円卓会議」及びその後の県の会議体の問題とはどのようなものだったのか。ここでまとめておくと、次のとおりです。

① 政治のリーダーシップ及び行政の調整機能の欠如

政治的・社会的対立のあるテーマであるにもかかわらず、知事を中心とする政治のリーダーシップが決定的に欠けていた。また、行政による調整機能もほとんどなかった（いま思えば、それを一部の学者にやらせており、学者も気の毒であった）。

② 会議体の権限や合意形成に向けた基本的なルールが不明確

当時、知事は県議会等で「時間をかけた議論が必要」と述べていたが、時間をかけて何をどのように決定していくのかというプロセスが示されることはなかった。ちなみに、円卓会議の2年間だけでも、計157回の会議が開催されたものの、具体的な自然再生事業につながることはなかった。

③ 現場を踏まえた「討議」「熟議」の場の欠如

現場は海域（三番瀬）であり、かつ周辺の開発の結果アクセスしづらく、なじみのある場ではない。一般市民にとって現状を把握するのが困難であった。公共事業であり、一般市民による「討議」又は「熟議」による検討の機会を持つことは重要であるが（篠原一『市民の政治学　～討議デモクラシーとは何か』〔岩波書店、2004年〕参照）、それであれば一般市民が（会議に参加してもらうだけでなく）現場状況を把握するための丁寧な対応が必要であった（60p.のコラム参照）。

3　かつての海辺の聞き取り調査とアマモ場再生

市民の環境団体である三番瀬フォーラムは、上記の政治・行政の動きへの対応とともに、三番瀬の自然環境を調査する活動や三番瀬まつりを開催するなど市民に三番瀬をアピールする活動などに取り組んできました。

2001年には、三番瀬の保全や再生に関する事業を行うために、三番瀬フォーラムの執行部が母体となり、「特定非営利活動法人三番瀬環境市民センター」（理事長・安達宏之〔当時〕。以下、「NPO三番瀬」という）が設立され、市川市などから事業を受託し、市川市三番瀬塩浜案内所の運営などを行いました。

こうした活動の事例として、①聞き取り調査と、②アマモ場再生の２つの活動を紹介しましょう。

①　過去の自然等の聞き取り調査

1999年から３年にわたって、「**三番瀬 海辺のふるさと再生計画**」という名のプロジェクトを実施しました。三番瀬の当時では珍しく、行政（市川市）、地域文化団体（行徳文化懇話会）、市民の環境団体（NPO三番瀬）の三者が共同で主催者となりました。また、千葉大学都市計画研究室（北原理雄教授）の協力を得ました。

このプロジェクトは、かつての三番瀬の海辺がどのようなものであり、人びとがどのようにつきあってきたのか、それを知るために、市川市の行徳などに長年居住してきた方々に**聞き取り調査**を行い、これからの海辺再生のあり方と利用方法を提案しようというものです。

実際の作業は地味そのものです。話をしてもらえる人を探し、お話を聞き、録音テープを文字にする。それをまとめた後に再生計画を検討する。作業は想像以上にたいへんであり、初年度は調査結果をまとめるまでに８カ月以上かかりました。

聞き取り調査から学んだ「かつての海辺」とはどのようなものだったのか。ヨシ原、塩田、水路、泥干潟、コアマモやアマモの群落、広大な砂干潟。そうしたところを舞台に、ヨシ原でのヨシ刈やバンの卵探し、塩づくり、様々な漁業、釣り、なでこ（干潟の表面を手や足でなでながら貝や魚を採取）など、人びとが海と深く結びついた生活を送っていることがわかりました。
　こうした具体的なかつての海辺の姿は、これからの海辺再生と街づくりの計画を具体的にイメージする上でたいへん役に立ちました。また、これら活動のプロセスの中で様々な地域の方々と交流できたことも、**地域との接点**が

Column

「海」という自然を話し合うには？

2004年に三番瀬円卓会議が終了した際、筆者は次の一文を三番瀬フォーラムのウェブサイトに発表した。

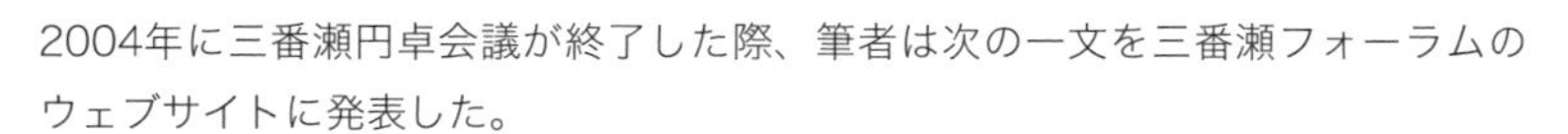

●千葉県円卓会議の終焉を迎えて　2004年１月26日　※抜粋

　…ひとつだけ記しておきたいのは、三番瀬という討議すべき場は「海」であるにもかかわらず、それが、あたかも近所の公園づくりのためのワークショップのようなことを主宰者が行ってきたことが根本的な問題点だということだ。
　冬の時化の三番瀬をべか船で航行せざるをえなかったとき、荒波の中で前に進もうとしても進めない。近くにはコンクリートの柵や棒杭が右にも左にもある。たかが水深１メートルの海とはいえ、冬の海のこんな沖で投げ出されたら最悪の結果を招くかもしれない。人の力をはるかにしのぐ海の破壊的なエネルギーの前に、私は、この三番瀬という「場」を何よりも恐ろしく感じた。漁師が言う「板一枚、下は地獄」とはこういうものなのかと心底思った。
　それでも、風が収まり、日が差し、潮の引いた海は、他のなによりも暖かいものを感じる。水ぬるむ春、生命が躍動する干潟と浅場は、私がもっとも好きな場だ。けれども、直立護岸と幹線道路と工場群に囲まれた三番瀬は、在りし日のように子どもたちが気軽に行ける海ではない。
　夏や秋はどうだろう。本来であれば、体を冷やせる心地よい場なのかもしれない。けれども、この海には毎年のように青潮が襲い、そこに住む生物を死滅させる。今は、人が海を痛めつけている現実をまざまざと見せつける季節となってしまった。
　海は、近所の公園のように決して静態的な環境ではない。常に動態的な環境だ。しかも環境負荷が著しく高い三番瀬は、とくにそれが言えると思う。そのようなダイナミックに変動する環境の再生を考えるのであれば、やはりその現場から議論を組み立てる仕組みがほしかったし、かつての埋立計画が招いた深刻な利害関係をきちんと踏まえながら討議する枠組みが必要だったのだ。

つくりづらい環境団体としては貴重な機会となりました。

1999年10月には、三番瀬まつりの会場において、「三番瀬海辺のふるさと再生計画」を発表し、市川市長や市議会議長に手渡しました（その後、続編を2002年６月に発表）。

再生計画では、聞き取り調査を通じて知ったかつての海辺の姿をヒントにしつつ、計画のキーワードを「**身近に感じ、育んでいける海辺の創出**」として、**①海辺の豊かさの維持と発展、②海と街の関係の再生、③持続的な取組み**の３つをポイントに置き、ヨシ原やアマモ場の再生プロジェクトなどの具体的な提言を行いました。

②　アマモ場再生

三番瀬でほとんど失われたアマモ場を再生する活動も行いました。

アマモを移植する前に、「まずは知ること」が重要なので、上記の「三番瀬海辺のふるさと再生計画」での聞き取り調査により、かつての三番瀬ではどのようにアマモ場が広がっていたのかを調べました。また、市民勉強会の開催や他の地域でのアマモ場再生の取組みなどの見学会も行いました（市川市委託事業）。

2003年度における実験の体制は、主催がNPO三番瀬、アドバイザーがアマモ場再生の専門家・森田健二氏（株式会社東京久栄）、また、協力として、船橋市漁業協同組合、市川市行徳漁業協同組合、南行徳漁業協同組合が名を

Column

持続可能な漁業

東京湾で巻き網漁を行う大野和彦氏（大傳丸・海光物産社長）たちは、持続可能な漁業の取組みを進め、大きな注目を集めている。
旬の時期に水揚げした良質のスズキに手を加えて「瞬〆スズキ」とし、高品質な状態で出荷。これは、過剰な漁獲により安い浜値で大量に出荷する売り方をせず、資源管理をしながら漁業をしっかり継続させるという意図がある。自ら漁獲時期の制限等を行い、それらの第三者認証を行うことも。これからの漁業のモデルと言えるだろう。

連ねました。さらに市川市三番瀬塩浜案内所での作業については、市川市委託事業として実施しました。

2003年の活動では、NPO三番瀬スタッフが約20名、市民ダイバーが7名、一般市民が延べ300名の体制で実施しました。

実際の再生活動に入る前には、**アマモ場再生の目標**として、①アマモの栄養株を移植、夏までの生長を確認、②アマモが衰退し、消滅するときの環境条件の把握——を設定しました。

その上で、「**海の自然再生で、市民参加はどこまで可能か**」を問題意識の1つとして設定し、具体的な活動に入ることにしました。

移植活動では、まず三番瀬に移植するアマモの栄養株が必要なので、富津にて採取しました。そして、3月22日、三番瀬の沖合2カ所で、アマモの栄養株を50株ずつ移植しました。ドライスーツに身を包んだダイバーが移植を行ったほか、浅い場所では小学生も移植に参加しました。当時、テレビのニュースや新聞でも報道され、大きな反響を呼びました。

その後、モニタリングを行い、その様子を調査し、今後の本格的な移植のための貴重なデータを収集することができました。また、移植場所の1カ所では、栄養株が1600株に育つなど、予想以上の成果を収めることもできました。

その後も、アマモの移植活動を断続的に行い、2010年には、前年に植えた1000株が11万株にまで生長する年がありました。そのアマモ場には、スズキやイシガレイ、メバルの稚魚や、ギンポ、ヒメイカ、ワタリガニ、タツノオトシゴなど、様々な生物がいることも確認されました。

4　小さな地域で小さな取組みを増やす

現在も筆者は、三番瀬フォーラム（清積庸介事務局長）において、三番瀬の保全と再生に向けた活動を行っています。最近では、三番瀬での活動とともに、妙典小学校（千葉県市川市）や**江戸川放水路**に広がる干潟をフィールドにする活動も増えてきました。

妙典小学校は、江戸川放水路のほとりにあります。つまり学校の目の前に干潟が広がり、海辺の生物が豊富にいる環境にあります。かつては、延々とハス田も広がっていました。

2018年、筆者たちは小学校と協力し、「**妙典小ハス田クラブ**」を立ち上げました。小学校の親子に呼びかけ、妙典・行徳に最後に残ったハスを守り育てつつ、地域の自然に親しもうという活動です。かつてハスを育て、沖でノリ漁をしていた篠田務さんの指導の下、毎年、30名程度のメンバーで活動しています。

江戸川放水路の干潟観察会も開催し、ハスのようなかつての自然を知るとともに、現在の自然のおもしろさも感じてもらうようにしています。

三番瀬の活動とともに、江戸川放水路での活動をしていると、三番瀬と比べて放水路は自然環境の規模が小さいものだと感じます。ただ、自然環境保全と

Column

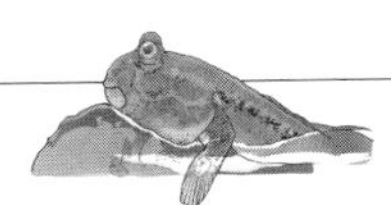

江戸川放水路とトビハゼ

江戸川放水路は、江戸川の河口から4km程度の水域だ。見た目は河川だが、上流に堰があり、大雨のときのみ放流するので、ふだんは淡水と海水からなる汽水域となっている。この放水路の先には三番瀬があるので、生物にとっては、いわば、三番瀬の「入り江」のような位置付けとなる（市川水路等によって分断はされているが）。

潮が引けば干潟が広がり、干潮帯上部にくらすチゴガニやヤマトオサガニが活発に動き回る。近くのヨシ原には、アシハラガニやクロベンケイガニなどとともに、トビハゼもいる。ここのトビハゼは、地球の北限に生息する貴重な生物だが、絶滅が心配されている。

いう目的に照らして「小さいもの」だとは思いません。

こうした活動をしながら地域でくらしていると、多くの子どもたちやお母さん、お父さんと知り合いになり、身近な自然の大切さを感じる人たちが増えていることを実感します。そうしたつながりが継続していけば、地域の自然は保たれていくことでしょう。筆者自身にとっても、この地域で暮らしていくうえで、とても心地よいものでもあります。

こんな小さな地域で、小さな活動が社会でたくさんできてくれば、やがては、大きな自然環境の保全につながることでしょう。遠回りのように思えても、結局は近道なのではないかと最近、筆者は感じています。

5 NPO・市民活動・市民運動とは

本章とその前の第４章では、三番瀬における埋立計画や自然再生の経緯を解説する中で、筆者が参加する「三番瀬フォーラム」という市民による自発的なグループの活動を取り上げてきました。

こうしたグループについて、最近では「NPO」と呼ばれることが少なくありません。「NPO」の意味は、内閣府資料によれば、次のとおりです。

「「NPO」とは「Non-Profit Organization」又は「Not-for-Profit Organization」の略称で、様々な社会貢献活動を行い、団体の構成員に対し、収益を分配することを目的としない団体の総称です。

したがって、収益を目的とする事業を行うこと自体は認められますが、事業で得た収益は、様々な社会貢献活動に充てることになります。

このうち、特定非営利活動促進法に基づき法人格を取得した法人を、「特定非営利活動法人（NPO法人）」と言います。

NPOは法人格の有無を問わず、様々な分野（福祉、教育・文化、まちづくり、環境、国際協力など）で、社会の多様化したニーズに応える重要な役割を果たすことが期待されています。」

出典：内閣府　https://www.npo-homepage.go.jp/about/npo-kisochishiki/npoiroha

特定非営利活動法人として認証を受けているNPOは、５万541法人となっています（内閣府調査2022年９月30日時点）。

NPOについて考える場合、こうした法人格を有するNPOだけを取り上げてもあまり意味がありません。法人格のないNPOもたくさんあるからです。

また、三番瀬フォーラムのように、いわゆる事業やイベント等の「活動」に限らず、政治や行政、様々な団体との交渉等の「運動」を行う組織もありますが、法人組織としてのみNPOを見てしまうと、そうした側面が抜け落ちてしまうことがあります。

組織の数や規模についても、企業などの組織と大きく異なり、変幻自在であり、つかみづらいこともNPOの特徴でしょう。

1970年代に、早い段階で市民参加の動きについて理論化した、政治学者の**篠原一**氏が、都市における市民運動の組織を次のように記述していますが、おそらくこの指摘は、現代のNPOについても通用すると思われます（篠原一『市民参加』〔岩波書店・1977年〕より引用）。

NPOが企業を変える

コンビニなどで売られるお菓子などの商品に使用される「植物性油脂」は、パーム油であることが多い。アブラヤシの果肉から得られる油脂だが、熱帯林を破壊して生産されることもある。

2010年、環境NPOのグリーンピースは、チョコレート菓子を販売するネスレの本社前にて、熱帯林を破壊して生産されるパーム油の使用をやめるよう抗議活動をした。グリーンピースの次のウェブサイトには、そのときの抗議活動の写真が紹介されているが、かなり過激だ。

https://www.greenpeace.org/japan/nature/story/2018/09/20/636/

そうした活動の成果もあり、ネスレグループは、こうしたパーム油の使用をやめ、持続可能な原料に切り替えることに合意した。

「都市の市民運動は組織論的には、一言でいうと、大きいようで小さく、小さいようで大きいというところに最大の特色がある。マスコミで取り上げられ、大きな運動だと思って現地観察すると、常時核となってはたらく人の少ないことに気付く。しかし小さな運動だと思っていると、それを顕在的あるいは潜在的に支持している人の層は意外に厚く、影響力もきわめて大きいことに驚かされる。」

NPOにはこのような特性もあるので、その全貌をつかむのは、上記の内閣府の統計だけからでは難しいといえます。

三番瀬フォーラムの場合、三番瀬を取り巻く状況によってその組織も大きな変化がありました。基本的に、中心メンバーは10～20名程度で推移し、数千人の来場者が来る三番瀬まつりのようなイベントを開催する際には、50名程度のスタッフが集まることもありました。また、会員も、埋立計画が浮上していた1990年代後半には約500名になることもありました。

生物多様性の保全策を検討する際、多くの地域において、その担い手となるNPOのかかわり方が重要な意味を持ちます。ただし、上記のように、NPOは、社会で活動する他の組織とは異なる特性を有していることに十分留意することが大切です。

＜第５章　参考文献＞

※第４章の最後に掲げた文献のほか、以下の文献

・鷲谷いづみ『自然再生　持続可能な生態系のために』（中央公論新社・2004年）

・環境省「自然の再生」
http://www.env.go.jp/seisaku/list/nature-saisei.html

第6章

人と生物多様性①

—生命倫理、環境倫理を考える

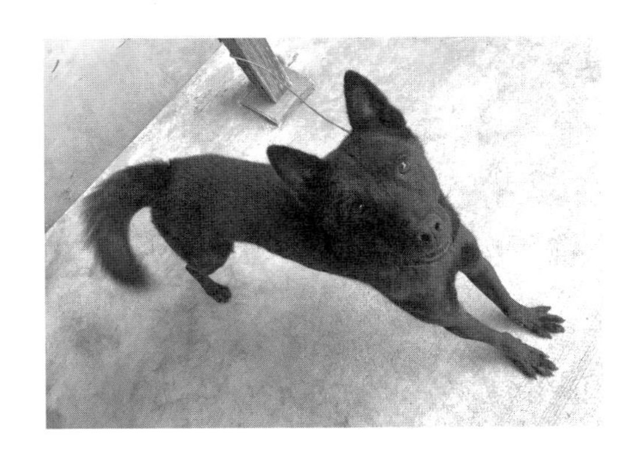

近所で飼われている犬「クロ」。筆者になつき、かわいい。犬や猫を家族同様に飼っている人も多いだろう。彼ら・彼女ら（？）と人は区別できるか。他の動物とはどうか。植物ならどうか。そもそも生命とは何か。考え始めると難問だらけだと気づくはずだ。

1　生命とは何か　～動的平衡論をヒントに考える

生命倫理や環境倫理を考える場合、そもそも対象とすべき「生命」とは何かについて考えることが重要です。

改めて「**生命とは何か**」と問われ、真剣に考えてみると、これはなかなか難問であることに気づくことでしょう。昔から、この回答を導き出すために、実に多くの人たちが悩みぬいてきたものです。

一般に、**生物の定義とは、①外界と膜で仕切られている、②代謝（物質やエネルギーの流れ）を行う、③自分の複製を作る―の３つの条件を満たすもの**とされています（更科功『若い読者に送る美しい生物学講義』〔ダイヤモンド社・2019年〕参照）。

ここでは、生物学者の**福岡伸一**氏の「**動的平衡論**」をヒントに、「生命とは何か」について考えてみましょう（福岡伸一『新版動的平衡２　～生命は自由になれるのか』〔小学館新書・2018年〕より引用）。

福岡氏は、まず世界の認識方法として次の２つがあると言います。

「世界の認識方法として、機械論的な見方と動的平衡論的な見方があり、私は後者をとる、ということである。……機械論的な見方とは、ポーズボタンを押して、世界を一時停止させ、その中でメカニズムや因果関係を解析するアプローチのことを指す。〔しかし〕……時間を止めるとたちまち見えなくなってしまうことがある。それが動的平衡として存在する世界である。……機械論には時間がなく、動的平衡は時間を生み出す。」（〔　〕は引用者）

また、福岡氏は、生命の定義として「**自己複製するもの**」と言われることがあることを紹介しつつ、生物学者の**リチャード・ドーキンス**氏の「**利己的遺伝子論**」にも疑問を投げかけます（利己的遺伝子論については、リチャード・ドーキンス『利己的な遺伝子』〔紀伊國屋書店・1991年〕参照）。

福岡氏は、利己的遺伝子論を次のように整理しています。

「生命の唯一無二の目的は子孫を残すことである。そして自己複製の単位はとりもなおさず遺伝子そのものである。遺伝子は徹底的な利己主義者である。自らを複製するため、遺伝子は生物の個体を乗り物にしているにすぎない――と。」

これに対して同氏は、次のように自らの見解を披露しています。

「生命現象を特徴づけているものは自己複製だけではなく、むしろ合成と分解を繰り返しつつ一定の恒常性を維持するあり方、つまり「動的平衡」にあるのではないかと考えた。〔略〕
　生命の多様性をいかに保全するかを考える際、最も重要な視点は何か。それは動的平衡の考え方だと私は思う。動的平衡の定義は「それを構成する要素は、絶え間なく消長、交換、変化しているにもかかわらず、全体として一定のバランス、つまり恒常性が保たれる系」というものである。」

こうした福岡氏の動的平衡論については、生命の本質を捉えていると思われ、また生物多様性保全の重要性を理解する上でも説得力があり、筆者にとって魅力的な見解です。

Column

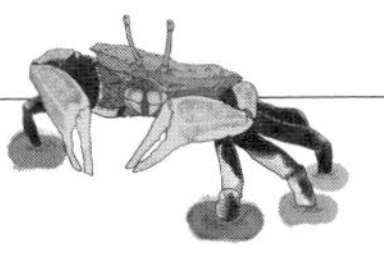

進化論はヒトの心をどこまで説明できる？

生物学者の伊勢武史氏の著書『生物進化とはなにか』（ベレ出版・2016年）は、利己的遺伝子論をベースに、「結婚して男性の性格が丸くなること」や「高齢の女性が子どもよりも孫がかわいいと思うこと」も進化がかかわっているなど、人間の行動や感情について独自の分析をしており、とても興味深い。
筆者（私）は、自然界に自然淘汰と適者生存のルールがあるとしても、それが常に前面に出ているわけではなく、現に豊かな生物多様性の世界があることを積極的に評価すべきと考えている。ヒトも生物なので、進化生物学の適用を検討することも必要だろう。ただし、過去に誤用・悪用もあったので慎重さが大切だ。

2　人は他の生物と区分できるか

⑴　２つの質問

次のように問われたら、あなたはどのように答えますか。

「人は、他の生きものと区別できるのか？」

イエスと答えた人も、ノーと答えた人も、では、もう１つ質問します。

「人が他の生きもの（動植物）の命をとってもよい理由は何か？」

私たちは、他の動物と同様に、他の命（動植物）を食べなければ生きていけません。そうした事実があるとしても、それを肯定する理由というのは果たしてあるのでしょうか。

本章では、こうした根源的な問について考えていきましょう。

⑵　他の動物との区分論を考える

「人は、他の動物と区別できるのか」

この古くからあり、かつ、多くの人を根源的に悩ます問に対して、実に多くの人が考え方を述べています。

古くは、哲学者の**デカルト**が**動物機械論**を唱え、動物には魂がなく、単なる機械にすぎないと主張しました。哲学者の**カント**は、動物には自意識がなく、単に人間のために存在すると主張しました。

憲法学者であると同時に法哲学者である**小林直樹**氏は、人間と他の動物を区分する考え方について、次のとおり３説に分類しています（小林直樹「人間学への序説」加藤新平退官記念『法理学の諸問題』〔有斐閣・1976年〕参照）。

① **「神権説」**：人間の特権は、神によって与えられたとする説

② **「事実説」**：「弱肉強食」の生存競争の中で、人間が力によって特権を得たとする説

③ **「理性説」**：人間は自身の理性によって他の動物と区分できるとする説

この分類に沿って筆者の考え方をまとめると、次の通りとなります。

まず、①の「神権説」については、人によって信じる神が異なったり、神を信じていなかったりする現状の中で、特定の信者以外には極めて説得力を欠く考え方といわざるをえないでしょう。

また、「全能の神にしては大変な失敗作だった」（小林直樹氏）人間に対して、なぜ、神が特権を付したのかについて納得しうる理由を見出すことができません。

次に②の「事実説」については、仮に事実として、人間が弱肉強食という生存競争の中で最上位に立つとしても、それを根拠に人間が他の動物の上に立つことそのものを正当化しうるものとは言えません。これを正当化する根拠に据えるということは、「力のあるものが上位に立ってよい」という理屈を認めることになるからです。

なお、生物学で使用する「生存競争」という用語は、種内で生じる個体間の生存と繁殖競争のことです。種間で生じる捕食者と被食者の一方的な関係を指す「弱肉強食」という用語は、生物学のものではなく、それは「自然の摂理」でもなく、生物学的には誤った考えだとされています（山田俊弘『〈正義〉の生物学～トキやパンダを絶滅から守るべきか』〔講談社・2020年〕参照）。

Column

人類は優れている？

霊長類学者である山極寿一氏の著書『父という余分なもの　サルに探る文明の起源』（新潮文庫・2015年）は、「人間とは何か」を考える上で興味深い視点を提供している。次の指摘は、人類の優位性を平然と語ることの虚しさを気づかせてくれる。

「これまで、私たちは、人間だけが自分たち以外の生命を気づかい、その将来を考えることができると自負してきた。しかし、それはとんでもない思い上がりだったかもしれない。ほかの生命を救うどころか、利用し尽くした末に絶滅の危機に追いつめ、さらに都合の良いように改造していこうというのが人間の姿勢である。それは、他種の仲間と傷つけ合わずに共存しようとするゴリラの流儀とは遠いところにある。」

⑶ 「理性説」を考える

③の「理性説」については、おそらく少なくない人びとに支持されている見解と思われるので、特に慎重な検討が必要と思われます。先に結論を言えば、やはり正当化する根拠にはなりえないと思います。その理由は、次の通りです。

第一に、**人間以外の動物にも多かれ少なかれ（人間がいうところの）「理性」が存する**ことを見過ごしているからです。

そもそも「理性」とは、「概念的思考の能力。実践的には感性的欲求に左右されず思慮的に行動する能力。古来、人間と動物を区分するものとされた。」などとされています。

人間と他の動物との区分でよく持ち出される用語として、「知性」という言葉もあります。これは、「頭脳の知的な働き。知覚をもととしてそれを認識にまで作りあげる心的機能。」などとされています（以上、『広辞苑（第6版）』より）。

こうした「理性」や「知性」は他の動物の行動にも見られます。例えば、スズメ目の鳥のさえずり方が成長過程の学習によって決まったり、オスのザトウクジラが繁殖地に集まると、あるオスの歌を他のオスが真似て、それが他に伝播することがあったりするなど、他の動物が知性を持つ例は少なくありません（前掲『〈正義〉の生物学』参照）。

第二に、**「理性の有無」や「理性の高低」を誰が判定するのか、かりに判定できたとしても、なぜ理性の高低により区分できるのかについて合理的に説明できない**からです。

動物の生態に詳しく、かつ、世界で人間が引き起こしてきた戦争などの惨禍を取材してきたジャーナリストの**本多勝一**氏は、動物を殺す場合の「残酷」さについて、①「仮に知能が高いことをもって保護の条件とし、それを殺すことが残酷であるとすれば、いったい何を尺度として知能の高低を決定するのか」、②「知能が高いことを条件とするならば、すなわち低いことが残酷の条件からはずされることになるのか」と問題提起をしています（本多勝一「人類の契約」『今西錦司博士古希記念論文集　第4巻』〔1978年〕所収。なお、引用は、本多『人類の契約（貧困なる精神27）』〔金曜日・2018年〕より。この一文を筆者は学生時代に読み、大きな影響を受けました）。

第三に、こうした抽象的な「理性」で区分する見解は、**人間社会内部にお**

いて、極めて危険な役割を担う可能性があるからです。

人と他の動物との区分の根拠に「理性」を持ち出し、両者に優劣があるから区分できるという考えに立った場合、人間社会の中でもその優劣によって区分できるという考えが出てくることは容易に想像がつきます。そのとき、優劣の基準が「人種」や「社会的身分」、障害の有無などに拡大されていけば、いかに危険な考えになるかを——人類の負の歴史を少しだけでも振り返れば——私たちはやはり慎重に考えるべきだと思うのです。

(4)　人間は理性的か？　～あのマーク・トウェインが指摘したこととは？

第四に、そもそも「理性」によって人間を他の動物よりも上位に置くことができるほど、**人間は「理性」的ではない**からです。ある人がどんなに「理性」的だといわれようと、すべての人がそうとはいえません。また、「理性」的といわれる人も、あるときには「悪魔」のような行為を働くこともありえるのです。

この点に関連して、興味深い本があります。**マーク・トウェイン**氏の**『人間とは何か』**です。マーク・トウェイン氏と言えば、子どもたち向けの楽天的な小説『トム・ソーヤーの冒険』の著者として有名ですが、彼の晩年の著作である同書は、前書と同じ作者と思えないほど、人間に対して悲観的です。

「人間の自由意思を否定し、『人間が全く環境に支配されながら自己中心の欲望で動く機械にすぎない』こと」（訳書表紙）を主張する老人とそれに反発する青年の対話形式で、同書は進行していきます。その中で、人間と他の動物の関係につき、老人は、両者とも「機械」という点では同じであると断じました。これに対する青年の反論と老人の再反論は次の通りです（中野好夫訳・岩波文庫・1973年より引用）。

「**青年**　……が、人間とそうした動物とが、道徳的にも同格だってことだけは、なんとしても承服できませんね。

老人　いや、わしの方じゃな、人間をそんなに高く買うなんて、そんなつもりは全然なかった。

青年　なんですって、ひどい！　かりにもこういった問題に関して、冗談をおっしゃるのはよくありませんね。

老人　冗談なんか言ってやしない。ただ明白単純な真実を言ってるだけだよ——むしろ憐れみさえこめてだな。人間には善悪の別がわかるってこと、そりゃたしかに他の動物たちよりも、知能の点じゃ上だってことを証明しているかもしれんな。だが、それでいて悪をなしうるっていうこの事実、これは逆に、それができん動物たちよりも、道徳的には下だってことの証明じゃないかな。これはもう否定できん事実だと思うな。」

老人の言うことは、一面で的を射るものだといわざるをえません。「人間は、理性的であるがゆえに他の動物の上位にある」と強弁すればするほど、その「理性」という基準によって、他ならぬ「人間の理性」そのものが否定されてしまうからです。

もっとも、この老人——おそらくはトウェイン自身——の考えに対して、いくつかの反論が可能でしょう。例えば、他の動物には本当に「善悪の別」がわからないのか、あるいは、人間には「自由意思」が存在せず「機械」にすぎないのだとすれば、トウェイン自身があえてそれを主張する意義すら否定されるのではないかなどの疑問が、筆者には生じてきます。

⑸ 「アリんこがかわいそう」という相談者への上野千鶴子氏の回答

読者からの相談に回答するという新聞の連載コラムにおいて、「アリんこがかわいそうで」という悩みを持つ相談者に、社会学者の**上野千鶴子**氏が回答しているときがありました。

相談者は、有機栽培の野菜の中にアリんこが見つかることがあり、自宅の庭に放してあげているのだけれども、生きていけるかどうか心配で泣けてきてしまうというのです。これに対して、上野氏は、ユーモアと皮肉たっぷりに回答していましたが、その中で、次のように、人と他の生物の区分についての自身の考え方を披露しています（2018年８月５日朝日新聞「悩みのるつぼ『アリんこがかわいそうで』、回答者：上野千鶴子」より抜粋）。

「ふーん、やさしいんですねえ。殺生をしたくないんですねえ。

とはいえ、あなたは肉も魚も食べませんか？　いずれ生命になる卵も食べませんか？　どこかの高僧のように、蚊が刺したらそのまま血を吸わせてやりますか？　ハエを追ったりしませんか？　ゴキブリを養いますか？

最近問題の外来生物、毒性のヒアリを見つけても庭に放してやりますか？　自分たちの床下に白アリがついたら、柱を食われるままにしておきますか？

あなたはどこかで無意識・無自覚にこれ以上はアウト、と線を引いているはずです。それをふつう「ごつごう主義」といいます。〔略〕

人間は殺生しながら生きている動物です。そのおかげであなたの生命があり、未来の生命もあります。人間は罪を犯して生きています。そのためにあるのが宗教というもの。アリんこを殺すときに「なんまんだぶ」と唱え、蚊をたたくだびに「アーメン」と祈る。ひとりでやるのがイヤならカトリックの神父に「今週、私はアリんこを３匹殺しました」と告解して、主に祈りを捧げて許してもらいましょう。神も仏も信じないこの私にしてからが、魚や肉を食べるときに思わず「成仏せえよ」と唱えています。」

⑹　人は、他の生物との関係をどのように考えるべきか

上記⑷の通り、筆者は、「理性説」はなかなか成り立ちづらいと考えます。しかし、一方で私たちは、動植物を食べていかなければならず、他の生物と区分する何らかの理由、または「思考の整理」が求められることになります。

この点についての現時点での筆者の考え方は次の通りです。読者の皆さんもご自身でじっくり考えて、自分なりの考え方をまとめてみてください。

「生」への意思がある限り、私たちは動植物を食べていかなければなりません。しかし、人間を他の生物と区分する正当な理由がないとすれば、他の生物との区分とは、理由のない強引な区分となります。正当化する理由がない以上、人間の都合により動植物の命を安易に奪うことには謙虚でなければなりません。

換言すれば、人間と他の生物が〈同じ〉ということは認めざるをえません。にもかかわらず、「生きる」論理から、両者の〈違い〉をあえて認めなければならないのです。しかし、この発想には、人間がもつはずの「善」の部分がまるで見られず、いわば、「人間以前」の発想ともいえるでしょう。「人らしく生きたい」と「理性」的に思うのであれば、これを最低限に抑える必要があるのではないでしょうか。

他の動植物に対して、「生きる」ため以外の殺生は絶対に慎まなければな

りません。このことは、人間と他の生物は〈同じ〉ということから、あるいは、生物多様性の観点から、必然的に人間への虐待に通じることからも言えます。

また、仮に「理性」によって人間と他の生物と区別できるという見解に立つ場合、そう考える人は率先して現実社会の反「理性」の状況をかえるべく行動すべきでしょう。

あるいは、私のように、「生きる」論理――屁理屈とも言えるかもしれません――から強引に両者を区分する見解を持つ場合でも、同様の要請が働くことでしょう。「弱いものの上に強いものがいてよい」という“価値”を否定しなければならないからです。

紹介

高橋英一『動物と植物はどこがちがうか』

人と他の生物を区分する議論をするとき、気づけば、「人と他の動物」の区分論をしていることに気づかされる。しかし、こうした区分論から植物を外してよいものなのだろうか。

農学博士の高橋英一氏は、著書『動物と植物はどこがちがうか』（研成社・1989年）において、両者の違いを詳細に検討した上で、最後に次のように述べている（抜粋）。

「いろいろ述べてきたけれども動物と植物は結局どこがちがうのだろうか。〔略〕

動物と植物は同じ幹の左右に伸びでた大枝であり、先の方では互いにずいぶんと離れているが、根元に向かうにつれてその距離はちぢまるようにみえる。この二つの大枝は無数の小枝を出しているが、両者は釣り合いを保ちながら生命の樹として生長をつづけている。そしてそれには樹に内在する生命力のほかに、樹をとりまく環境（太陽・大気・水・土）が大きな力を行使している。

生物の世界は食物連鎖の糸でつながった一つの環をつくっている。この環はバクテリアからはじまって植物へそして動物へと進み、ふたたびバクテリアに還って閉じている。この生命の環はふりそそぐ太陽の光をうけて、水の惑星と呼ばれる地球の上でたえずぐるぐるまわっている。動物と植物はどこがちがうのかを問いつづけてゆくと、このような光景が著者には浮んでくるのである。」

3　環境倫理学への接近

(1)　環境倫理学とは何か

人と他の生きものとの関係、さらには人と環境との関係を考える上で、「環境倫理学」を学ぶことはとても有意義です。

環境倫理学は、環境問題について倫理学の立場からアプローチしています。ただし、既存の倫理学（規範倫理学）では、地球規模の環境問題に対応できないという問題意識のもと、**応用倫理学**のひとつとして発展してきたのが環境倫理学です（吉永明弘・寺本剛編『環境倫理学』〔昭和堂・2020年〕参照）。

環境倫理学者の**加藤尚武**氏は、環境倫理学について、次のようにまとめています（加藤尚武編『環境と倫理［新版］』〔有斐閣・2013年〕より引用）。

①　なぜ環境倫理学か

「私たち一人ひとりが、環境に配慮する生き方と社会のあり方とを考えることの大切さを知り、持続可能な社会（sustainable society）を追求するために、私たちは環境倫理学を学ぶのである。〔略〕

　倫理の自明性は時として問題化し、さらに反省されることによって自覚的なテーマとなり、「倫理学」となる。〔略〕

　環境倫理学（environmental ethics）も、現代世界において、環境に関わった「倫理」の自明性が動揺し、反省されることによって始まった。」

②　環境倫理学の主張

◇地球の有限性

「地球の生態系という有限空間では、原則としてすべての行為は他者への危害の可能性をもつので、倫理的統制のもとにおかれ」る。

◇世代間倫理

「未来の世代の生存条件を保証するという責任が現在の世代にある」。

◇生物種保護

「資源、環境、生物種、生態系など未来世代の利害に関係するものについては、人間は自己の現在の生活を犠牲にしても、保存の完全義務を負う」。

前掲の『環境倫理学』序章によれば、現在の環境倫理学には次の３つの流れがあると指摘しています。

①1970年代に始まったアメリカの環境倫理学（「自然の価値」を論じ、「非─人間中心主義への移行」を訴える。1990年代には「環境プラグマティズム」が登場）

②環境倫理学を日本に導入した加藤尚武氏による「グローバルな環境倫理」

③環境倫理学者の鬼頭秀一氏による、それぞれの地域に根ざした「ローカルな環境倫理」

⑵ 欧米における環境倫理学の展開

環境問題の深刻化によって、環境倫理学が進展してきました。その動きは主に欧米におけるものでした。

欧米における環境倫理思想の系譜について、ここでは、環境倫理学者の**鬼頭秀一**氏の著書をもとに、主要な登場人物の主張を中心に構成しながら、時系列にまとめておきます（鬼頭秀一『自然保護を問い直す　─環境倫理とネットワーク』〔ちくま新書・1996年〕第１章をもとにまとめる。なお、最近の環境倫理学の動向については、前掲『環境倫理学』参照）。

＜欧米における環境倫理思想の系譜＞

■19世紀

産業革命による環境破壊が進み、自然保護思想が出現。基本は人間の利益優先が主流。

○1836年、ラルフ・ウォルド・エマソンは、自然は人間の想像力の源であり、また人間の精神を反映したものであると論じる。

○1854年、ヘンリー・デイヴィッド・ソローは『ウォールデン　～森の生活』にて、自然の中に身を置くことによって、理性や科学よりも直感によって、自然の中のすべてのものに浸透しているはずの大霊（Oversoul）と直接的に交流することによって、人間の精神を見つめていこうと主張。

自然との交流の中に人間の精神的な高まりを重視する考え方は、その後のディープ・エコロジーにも継承される。

○1864年、ジョージ・パーキンス・マーシュは、『人間と自然』において、自然への人間の破壊的影響などを論じ、自然を保護するという概念を初めて公にした。

○1890年、アメリカでヨセミテ国立公園を設置。ヨセミテにおいては、自然保護をめぐり「保存」派と「保全」派が激しく論争する（1908年～1913年のヘッチ・ヘッチィ渓谷のダム建設問題など）。

「**保存（preservation）**」とは、〈……からの保護〉を意味し、原生自然等を、人間のためというよりも、むしろ人間の活動を規制しても保護しようという考え。一方、「**保全（conservation）**」とは、〈……にそなえた節約〉というように、保護や節約を意味し、最終的には人間の将来の消費のために天然資源を保護するという考え。

現在でも有数な環境保護団体「シエラ・クラブ」の創設者であるジョン・ミューアは「保存」派として、森林管理の視点からアメリカで最初に自然保護に積極的に取り組んだピンチョは「保全」派として論争に参加した。

Column

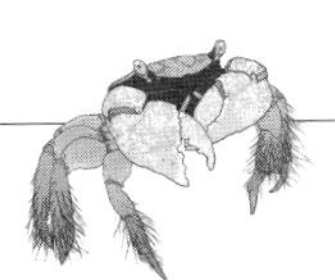

「正義の生物学」

第１章で「生物多様性がなぜ大切なのか」について書いた。

本章本文中でも紹介した、生物学者の山田俊弘氏の著書『〈正義〉の生物学　～トキやパンダを絶滅から守るべきか』〔講談社・2020年〕では、この点を詳細に検討している。

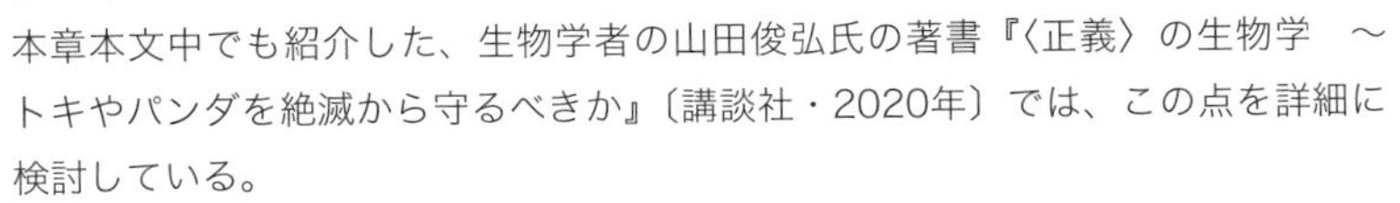

その中で、“正義は生物学的な遺伝により継承されるヒトの本性として備わっている”という「正義の遺伝的進化説」や、“ヒトには元来、他の生物に関心と好意を抱く性質～バイオフィリア～が備わっている”という「バイオフィリア仮説」を紹介し、生物多様性を保全する理由となるものを掲げている。

■20世紀：1960年～1970年

冷戦下、科学万能主義による自然破壊が極度に達し、人間中心から環境主義の時代へ。

○1967年、**リン・ホワイト・Jr.**が「現在の生態学的危機の歴史的根源」という論文を発表し、その根源は最も人間中心主義的な宗教であるユダヤ・キリスト教的世界観にあると主張し、広範な形で議論が沸騰。『創世記』には、「人間の自然に対する超越、自然に対する正当な支配、というキリスト教ドグマ」があるという。

この議論によって、その後の「**環境主義（environmentalism）**」という考え方の出現に大きなきっかけを与える。環境主義とは、自然保護は人間のためではなく、保護する自然そのもののために行われるべきという考え方である。

○1974年、**ジョン・パスモア**が『自然に対する人間の責任』において、キリスト教を弁護する議論を繰り広げる。人間が、神の代理人として責任をもって世界の世話を任されている「スチュワード」（執事）であるとする主張を展開。人間中心主義的な環境保全のあり方を思想的に提示する。

○環境主義的な考え方への転換を大きく象徴づける思想が、①**動物解放論**、②**自然物の当事者適格の概念**（法哲学者**クリストファー・ストーン**の樹木の当事者適格論〔８章で詳述〕、思想史家**ロデリック・ナッシュ**「自然の権利」など）、③**ディープ・エコロジー**である。

○哲学者**ピーター・シンガー**は1972年、論文「**動物の解放**」を発表。選好功利主義の立場から、人間について平等に考慮されるべき利害を、知性や能力でなく、苦痛を感じるという利害を基準にして行うことにより、結果的に、苦痛を感じる可能性のある動物も同等に扱う必要が生じ、人間が他の動物から特権的に扱われえないことを導く。そこで、動物実験や食料としての動物の利用を批判する。

○哲学者**アルネ・ネス**は1973年に論文を発表。今までの環境保護の考え方は最終的には先進国の人びとの健康と繁栄を意図しているだけの「シャロウ・エコロジー」であるとして排し、それに代わるものとして、「**ディープ・エコロジー**」を提唱。生命を原子論的でなく、関係論的な世界観の中で考え、生命圏の中での全生命体平等主義を想定し、多様性と共生の原理、脱中心性とそれぞれの地域の自立という概念に表される主張を行い、全体論的でありながら、多元主義的な要素も含んだ主張をする。

　その後、生命は自己開花し相互に関連していく本質的な価値を持ち、そのための普遍的な権利があると主張し、「自己実現」という概念をその主張の中心的な概念として提起する。

○環境倫理学のひとつの大きな方向性は、従来の**人間中心主義的な倫理学**をいかに脱して、**人間非中心主義的、生命中心主義的な倫理学**を構築するかという点にあった。その中には、シンガーの動物解放論とはまったく違う仕組みの試みとして、J・B・キャリコットによる全体論的な環境倫理学もあった。

○**ギャレット・ハーディン**は1968年、「**共有地の悲劇**」を発表。共有地の問題を指摘するとともに、個人の自由を制限し、個人の福利よりも環境全体の福利を優先させるような「**救命艇の倫理**」を提起。これに対して「**宇宙船倫理**」を提唱し、「世代間倫理」を説く立場もあった（K・S・シュレーダー＝フレチェット）。

■20世紀：1980年代

原発、南北問題を背景に、フェミニズム、先住民等の視点を取り込み環境思想が多様化。

○ディープ・エコロジーが、カウンター・カルチャーの時代のアメリカ西海岸で、当時流行した思想と相互影響を及ぼしながら多様に展開する。また、自然との一体感やアニミズム的な自然観をもともと持っているようなネイ

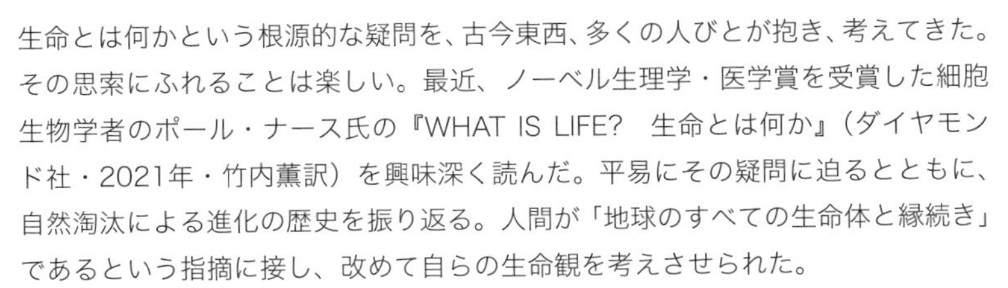

Column

「生命とは何か？」

生命とは何かという根源的な疑問を、古今東西、多くの人びとが抱き、考えてきた。その思索にふれることは楽しい。最近、ノーベル生理学・医学賞を受賞した細胞生物学者のポール・ナース氏の『WHAT IS LIFE?　生命とは何か』（ダイヤモンド社・2021年・竹内薫訳）を興味深く読んだ。平易にその疑問に迫るとともに、自然淘汰による進化の歴史を振り返る。人間が「地球のすべての生命体と縁続き」であるという指摘に接し、改めて自らの生命観を考えさせられた。

ティブ・アメリカンなどの**先住民族の思想**のディープ・エコロジーの視点からの見直しも行われる。

○**エコフェミニズム、生命地域主義**（私たちを取り巻く生態系を理解した上で、経済的・政治的な制度、組織をつくりあげようとする考え方の思潮)、**ソーシャル・エコロジー**（社会主義などに由来し、人間と自然の単純な二分法を排し、人間社会の構造、特にヒエラルキー的なものを問題にする）など、環境倫理思想に「社会」の視点の導入を目指す動きが出る。

＜第６章　参考文献＞

・鬼頭秀一『自然保護を問いなおす―環境倫理とネットワーク』（筑摩書房・1996年）
・鬼頭秀一・福永真弓編『環境倫理学』（東京大学出版会・2009年）
・吉永明弘・寺本剛編『環境倫理学』（昭和堂・2020年）
・高橋広次『環境倫理学入門　生命と環境のあいだ』（勁草書房・2011年）
・加藤尚武編『環境と倫理（新版)』（有斐閣・2013年）
・A・ドブソン編著、松尾眞・金克美・中尾ハジメ訳『原典で読み解く環境思想入門　―グリーン・リーダー』（ミネルヴァ書房・1999年）
・福岡伸一『新版　動的平衡』（小学館・2017年)、『新版　動的平衡２』（小学館・2018年）
・小林直樹『憲法学の基本問題』（有斐閣・2002年）
・尾関周二ほか編『「環境を守る」とはどういうことか』（岩波書店・2016年）
・田上孝一『はじめての動物倫理学』（集英社・2021年)、『環境と動物の倫理』（本の泉社・2017年）

第７章
人と生物多様性②
―人にとって保全すべき生物多様性とは

都市の貴重な自然環境である野火止用水（埼玉県新座市）。現在、その保全策が実施されているが、もともとこの辺りは台地。この水辺は江戸時代に開削されてできたものだ。保全・再生すべき自然の姿には様々なものがあり、何をどう選ぶのかが重要だ。

1　保全すべき生物多様性とは何か

(1) 「自然が泣いている」は本当か

「人間の横暴によって、自然が傷ついている。自然がかわいそうではないか。自然が泣いているのではないか。」

こうした見解をよく耳にしますが、みなさんはどう思いますか？

生態学者の**花里孝幸**氏は、『自然はそんなにヤワじゃない　誤解だらけの生態系』（新潮選書・2009年）の中で次の考えを述べています。

「地球の長い歴史の中では、人類の活動よりも短時間で地球環境を大きく変え、生態系を非常に大きく攪乱した事件があった。今から6500万年前の中生代白亜紀末の大隕石の衝突である。〔略〕ところが、これほど急激で大きな生態系の攪乱に直面しても、生き残ったものがいた。そして、その生物たちは、新たにつくられた環境に適応しながら、多様な生態系をつくってきたのである。

このことを考えると、生物というものはとてもタフで、打たれ強いものであることがわかる。すると、今、人類が強い力で地球環境を変えて生態系を大きく攪乱しても、人類は滅びるかもしれないが、その急激に変化する環境をうまく生き抜き、新たにつくられた環境の中で繁栄する生物種が必ず出てくるに違いない。」

筆者（私）は、この見解に賛成です。ただ、だからと言って、「自然が破壊されてもよい」とは全く思いません。保全すべき生物多様性は確実にあるのです。

では、保全すべき生物多様性とはどのようなものか。それを踏まえ、再び生物多様性を保全する理由について考えてみましょう。

(2) 里地里山と生物多様性

日本の**里山**は、生物多様性の宝庫と言われています。里山の厳密な定義はありませんが、「人里近くにあって、その土地に住んでいる人のくらしと密接に結びついている山・山林」(『広辞苑（第6版)』）とされています。人びとは、里山に手を入れ続けることにより、田畑に肥料を供給したり、薪を入手して燃料を確保したりしていました。

環境省は、「**里地里山**」の概念を提唱しています。これは、「**奥山と都市の中間に位置し、集落とそれを取り巻く二次林、それらと混在する農地、ため池、草原等で構成される地域概念**」であり、生物多様性の観点からその保全の重要性を指摘しています（環境省「里地里山保全再生計画作成の手引き」〔2008年〕より。ゴシックは引用者)。

里地里山は、原生自然ではありません。人の手が入った二次的な自然です。それでも、田んぼの畔や水路、里山の雑木林を歩けば、実に多種多様な生きものにであえる豊かな自然となっています。

しかし、里地里山についても、高度経済成長以降、開発や農林業の衰退等により急速な勢いで減少してきました。原生自然（Wilderness）とともに、その保全の必要性が強く認識されるようになったきたのです（守山弘『自然を守るとはどういうことか』〔農山漁村文化協会・1998年〕参照)。

こうした里地里山の自然環境を「まもる」ということは、原生自然の保護のように、自然に手をつけずに**保存（preservation）する**ことではなく、人の手を入れることにより**保全（conservation）する**ことを意味します（「保存」と「保全」の考え方については、前掲『環境倫理学』 8p,88p.参照)。

里山を「遷移の途中の生態系をそれ以上遷移が進まないように人為的に留める努力により出現したもの」(池田清彦『生物多様性を考える』中公選書・2012年）という捉え方をする研究者もいます。水路を維持したり、樹木の間伐をしたりすることなしに、つまり人びとの営みを抜きに、里地里山を維持することはできないのです。

⑶ 「対象となる生物多様性」は多様

社会学者の**宮内泰介**氏は、『**歩く、見る、聞く　人びとの自然再生**』（岩波新書・2017年）という著書の中で、保全すべき生物多様性の対象について次のように考察しています。

宮城県石巻市の小滝（こたき）集落には、一見、自然に見える海岸でも、長い人間の関与があったそうです。例えば、海辺の岩場で人びとはフノリを採集しているけれども、実はとり続けるために集落の人びとが様々な努力をしていました。繁殖時期のノリを水で洗って、その水をじょうろで岩にかけたり、築磯(つきいそ)工事によって、酸性化で白くなった岩を交換し、新しい岩にフノリの胞子をじょうろでかけるなどの営みがあったのです。

つまり、自然というものが原生自然ではなく、人びとの営みの中にある自然であったのです。近年では、こうした海岸を「里山」の海版として「里海」と呼ぶ人もいます。

同書で宮内氏が紹介する北上川河口のヨシ原（宮城県北上町）の話も考えさせられるものです。

ここには、河口部に100haを超える広大なヨシ原が広がっていました。1996年には、環境庁（当時）の「日本の音風景百選」にも選ばれた自然です。

ヨシ原は、濁りの沈殿除去、窒素・リン吸収除去、有機物分解など、水質維持、稚魚・稚貝のナーサーリー（保育場）、底生生物の生息場所、魚の餌の供給、鳥類の生息地・営巣地など、生物多様性を支える重要な自然環境となっています。

Column

景観と記憶
～再び、生物多様性保全の必要性を考える

秋になると、道端の草地がピンク色に染まることがある。イヌタデの花だ（写真）。在来種であり、日本全土で普通に見ることができる。昔は、子どもたちが赤い花を赤飯に見立てて「あかまんま」と呼び、遊んでいたらしい。

筆者は、この花が好きだ。昔から見慣れている植物であることもあるが、それだけでもない。ある特定の景色を眺めて、ある特定の記憶が呼び起こされることがないだろうか。筆者がこの花を見ると、かつて幼なかったわが子を自転車に乗せて、保育園に向かっていた景色を思い出す。子どもがイヌタデを見つけるたびに指さして、「あかまんま！」と喜んでいたものだ。

見慣れた景色の一角には生物もいる。だからこそ、（在来の）生物多様性が大切なのではないかともぼんやりと考えている。

この場所は、原生自然ではなく、明治から昭和にかけての河川改修事業により生まれた「自然」でした。人の利用の仕方にも変遷があり、かつては海苔簾や家畜飼料として利用されてきたヨシもその後、茅葺屋根や土壁に活用され、現在では茅葺屋根としての利用となっているそうです。

また、人が刈り入れ、火入れ（野焼き）しないとヨシ原は荒廃することも指摘されています。

このように、一言で「かつての自然」と言っても様々なのです。保全や再生をするのであれば、その目標をどこに設定するかを慎重に見極めなければなりませんし、人の手入れなしに生物多様性が維持できない場合もあることを忘れるべきではありません。

宮内氏は、前掲書の中で、次のように述べています。

「北上川のヨシ原が教えてくれるのは何だろうか。それは自然景観のダイナミックな動きであり、人間と自然との間のダイナミックな関係だ。人間から切り離された自然はなく、自然から切り離された人間の歴史もない。人間と自然の関係の歴史的な蓄積こそが、今日私たちをとりまく自然である。これからの自然を考えるとき、まずはこの人間と自然との関係の歴史をひもとくことが重要となってくる。」

筆者にとって大切な場所である三番瀬という自然を考えたとき、こうした宮内氏の立論が、一つひとつ説得力を持って迫ってきます。

「生物多様性」と「人」は、切り離して考えるべきではなく、それは生物多様性の保全を考える上でも同じことが言えます。生物多様性の維持または再生のプロセスにおいて人がどのようにその自然にかかわるべきなのかも明らかにすることが求められます。

保全・再生すべき自然の姿とともに、社会の姿も同時に描く必要性があるのです。

⑷　実利だけではない、生物多様性を保全する理由

「なぜ、生物多様性の保全が重要なのか。」

第１章において紹介したように、生物多様性は人間社会に様々な恵みをもたらすものであり、だからこそその保全は重要であると説明できます。

一方、そうした説明の仕方に疑義——というよりも違和感——を覚える人も少なくありません。実は、筆者もその一人です。

この点について、生物学者の**岸由二**氏が**「biodiversity」をどのように訳すのか**という話から次のように述べています（岸由二『自然へのまなざし ナチュラリストたちの大地』〔紀伊國屋書店・1996年〕より引用。ゴシックは引用者）。

「**人と生きものの交流する次元で訳せば、生物多様性ではなく、〈生きものの賑わい〉がいい**と、私の体の感覚は主張している。〔略〕

実利的な生物多様性擁護論の筆頭は、〈資源としての価値〉論だろう。〔略〕もう一つの実利論は〈生態系への貢献〉論だ。〔略〕

実利論は有効である。保存のための活動で、事実私も多用する。しかし、そう認めたうえで、やはり実利論は底抜けとも感じる。

地球の生物多様性はなぜ、どうして守られるべきなのか。答えはいつもわかりやすい実利に還元できるのだろうか。町の雑木林の生きものの賑わいを守ったり、川辺の湿地の生きものたちを保全するのに、資源価値や、生態系の保全機能にいつも言及すべきだろうか。研究上の価値、観光資源としての価値、教育上の価値等々、生物多様性の一般的な効能をさらに列挙しても、実利論は目のあらいザルのように、肝心な答えをすくえずにいると、私は思う。そういう議論に言及せずとも、ごく当然のように多様性を尊重する、もっと明快な方法があるのではないか。

必要なのは実利計算を実行する土台あるいは枠組み自体の転回だろう。地球上の、そして身のまわりの自然への、文明的な視点の転換。近所の雑木林の保全にも、地球環境問題にも同じように向けられて、しかも生きものの賑わいを飛躍的に大切にする新しい実利計算を可能にするようなまなざし、あるいは世界の見え方を育てること、そんなものではないだろうか。私は答えを知らないが、課題の構造はそうなっていると思うのだ。〔略〕

生物多様性という言葉ではなく、生きものの賑わいという言葉で自然と対応するとき、私には、科学でも、従来の実利主義でもない窓が少し開いているような気がする。それが単なる錯覚なのか、あるいは問題の作業領域にいささかなりとも触れているのか、私は歩きながら考えるのだろうと思う。」

岸氏はこのように述べるにとどめ、「科学でも、従来の実利主義でもない窓」の先にどのような光景が広がっているのか、具体的には述べずに、読者に問題を投げかけています。

岸氏は、自身のライフワークの1つとして、**小網代の森**（おあじろ）の保全活動に取り組んでいます。ここは、神奈川県の相模湾に面した約70haの森であり、森林から湿地、干潟、海が連続して残されている関東地方唯一の自然です。かつてゴルフ場の開発計画があったこの場所で、粘り強く保全の運動を進めてきました。1995年には県が三浦市と事業者へ、小網代の森の保全の方針等を提示するに至り、現在では貴重な自然環境として保全事業が進められています。

窓の向こうに見える景色の1つに、岸氏にとっては、この小網代の森の湿地でそろりと動くアカテガニがいるのではないかと筆者は想像してしまいます。

2　生物多様性をどのように保全するか

(1)　共有地の悲劇

次の問に対して、みなさんはどちらの回答を選びますか？

問　牧草地があります。
次のどちらの状況が牧草地を管理できると思いますか？
答　①　一人で管理する（他の人は入れない）
②　みんなで管理する

1968年、アメリカの生物学者の**ギャレット・ハーディン**氏は、「**共有地の悲劇**」という考え方を提示して大きな反響を呼びました。

牧草地が共有地（コモンズ）の場合、誰もが自由に利用できるため、他の人よりも放牧する家畜を増やそうとして、結局、家畜が増えすぎてしまい、やがて牧草地が荒れるという主張を展開したのです。

環境倫理学者の**鬼頭秀一**氏は、この「共有地の悲劇」の考え方を次のように整理しています(鬼頭秀一『自然保護を問い直す　―環境倫理とネットワーク』〔ちくま新書・1996年〕より引用)。

「共有地の牧草地に放牧の動物の数を増やそうとした場合、増やすことによって受ける利益と、増やしたことによって過放牧のために生じたマイナスの影響を比較した場合、前者はまるまる自分の利益になるのに、後者の被った不利益は共有地の飼育者全員に配分され、その損失負担は軽減されてしまう。したがって、飼育者の合理的な判断は結果的に動物を増やしていくということになるという議論である。ハーディンは、その悲劇を生む原因は、共有地であるということ自体にあることを指摘し、むしろ私有地の方がその種の問題を回避できることを指摘する。」

この考え方に対しては、数多くの批判が見られます。

鬼頭氏は、上記の著書の中で、「個人が相互に有機的なつながりを持たず、しかも功利主義に基づいた合理的判断を行うようなレッセ・フェールの時代の人間像が前提となっている。しかし、〔略〕一般に共有地（コモンズ）においては、前記のハーディンの前提としていることは必ずしも一般的ではない」と批判したうえで、共有地における実情を詳説しています。

筆者自身も、ハーディン氏の考え方に賛同はできません。氏が示す状況は、実証的なものではなく、実際の放牧地や山林などでの管理状況と異なる面があるからです。

氏が示す共有地で放牧する人びとは、あたかも白と黒のみを区別して動くような単純な機械のような存在として描かれていますが、実際に放牧する人びとには、地域コミュニティがあり、人間関係が密接に築かれた関係を持つ場合が多いことでしょう。過放牧になれば、ともに地域の資源を利用できなくなる関係でもあり、目の前の損得勘定だけで動く“自動機械”ではないのです。ハーディン氏の考え方は、共有地の姿をゲームのように捉えたバーチャルなものにすぎず、あまりに一面的な見方をしていると思います。

⑵　生物多様性保全の進め方

生物多様性保全を進めるにあたっては、**自然再生推進法**に示された自然再生の進め方が参考になると思います。

その詳細は、第９章で解説しますが、**地域の多様な主体が連携**することや、**透明性**を確保すること、自然環境の特性を踏まえて**科学的知見**に基づいて実施されること、事業着手後も状況を監視し、**科学的な評価**を加え、事業に反映させる方法により実施されること、事業の場が**環境学習の場**として活用が図られるようにすることなどが挙げられます。

上記のうち、「地域の多様な主体が連携」の対象として、同法では、行政、地域住民、特定非営利活動法人、自然環境に関し専門的知識を有する者等が挙げられています。

概ねこうした内容で問題はないのでしょうが、「三番瀬」という、利害関係者が深く入り組んだ中で、自然再生の議論が迷走状態となって失敗した事例を見てきた筆者としては、いくつかの注釈が必要と考えています。

１つは、第５章で述べたように、**政治・行政責任のあり方**という点です。「連携」や「合意」を至上命題と設定することによって、政治や行政の責任が放棄されていないかということです。

もう１つは、**地域の利害関係者が誰であり、その人たちが主体的にかかわれる環境をつくっているかどうか**という点です。

瀬戸内海に浮かぶ豊島（てしま）（香川県）では、かつて大規模な不法投棄事件がありました（**豊島事件**）。地域住民が粘り強く反対運動を続けたものの不法投棄は止まらず、1990年にその首謀者が兵庫県警により摘発され、ようやく収まりました。しかし、その後不法投棄された廃棄物の撤去に数十年を要しました。

この地域の反対運動に長らく関わってきた石井亨氏は、次のように述べています（石井亨『もう「ゴミの島」と言わせない　～豊島産廃不法投棄、終わりなき闘い』〔藤原書店・2018年〕より）。

「私には、もう一つ気になることがある。「情報の植民地化」という現象である。水俣を訪ねて諭されたことだ。

「これから豊島では情報の植民地化が起こるよ……」

それはつまり、全国に知られた事件となった豊島には、いろいろなものが押し寄せてくる。もちろん、豊島の処理事業を利用してお金儲けをしようとする人たちや、癒着や不正などのリスクはもとより、今後の豊島の将来を考えるという視点を含めて、多様な専門家なども訪れてくることになる。

島の外の人があたかも当事者であるように「豊島事件」を語り、島の外の人が、いろいろな「企画」をして、島の外の人がその結果を「評価」する。いつも、島の外だ。島の人たちはよほどお互いに向き合って「自らの意思」を持たないと、翻弄され置いてけぼりにされてしまう。そうした状況から、島の「意思」と「責任」を守ることは並大抵ではない。」

3 生物多様性の重要性をどのように伝えるべきか

(1) 環境教育の重要性の認識拡大

環境教育の重要性が指摘されるようになり、学校教育においても「**総合的な学習**」の中などにおいて環境教育が実践されています。そのプログラムの1つに「生物多様性」が組み込まれることもよくあります。

環境教育を促す法律もあります。**環境教育等促進法**といい、正式名称は、「環境教育等による環境保全の取組の促進に関する法律」(2003年法律130号)です。

(2) 「センス・オブ・ワンダー (The Sense of Wonder)」

環境教育のテーマの1つには、生物多様性も含まれることになります。環境教育の中で、生物多様性の重要性をどのように伝えていくのかは、そうした活動現場に携わる人びとにとって大きな課題といえるでしょう。

1962年に『**沈黙の春 (Silent Spring)**』(青木簗一訳・新潮文庫・1974年)を著し、DDTなどの化学物質による環境汚染に警鐘を鳴らした**レイチェル・カーソン**氏の最後の著作となる『**センス・オブ・ワンダー (The Sense of Wonder)**』(1965年。上遠恵子訳・新潮社・1996年)は、こうしたテーマを考えるにあたって貴重な示唆を与えてくれています。

「センス・オブ・ワンダー」を訳者の上遠氏は、「**神秘さや不思議さに目を見はる感性**」と訳しています。同書では、甥のロジャーがメイン州の海辺にある彼女の別荘を訪ねると、二人が決まって自然探検に出かけていた様子などを描きながら、自然に接している子どもに対して、「センス・オブ・ワンダー」をどのように授けるのかについて説いています（**「紹介」**参照）。

カーソン氏の見解は、あたかも、生物多様性の重要性とは何なのかについて静かに問いかけてきているように筆者には感じられます。

生態系サービスだけではない「何か」が自然には備わっており、それを教育で伝えていく大切さがあるとともに、そのためには大人の私たちも（単なる知識だけでなく）そんな感性を取り戻すことが求められているのでしょう。

環境教育の研究者である**デイヴィッド・ソベル**氏は、子どもたちに熱帯林の破壊などの地球環境問題を早い頃から教えてしまうと、「自然恐怖症（エコ

紹介

子どもたちの感性を育む

～レイチェル・カーソン『センス・オブ・ワンダー（The Sense of Wonder）』より抜粋

ロジャーがここにやってくると、わたしたちはいつも森に散歩にでかけます。そんなときわたしは、動物や植物の名前を意識的に教えたり説明したりしません。

ただ、わたしはなにかおもしろいものを見つけるたびに、無意識のうちによろこびの声をあげるので、彼もいつのまにかいろいろなものに注意をむけるようになっていきます。もっともそれは、大人の友人たちと発見のよろこびを分かち合うときとなんらかわりはありません。〔略〕

もしもわたしが、すべての子どもの成長を見守る善良な妖精に話しかける力をもっているとしたら世界中の子どもに、生涯消えることのない「センス・オブ・ワンダー＝神秘さや不思議さに目を見はる感性」を授けてほしいとたのむでしょう。

この感性は、やがて大人になるとやってくる倦怠と幻滅、わたしたちが自然という力の源泉から遠ざかること、つまらない人工的なものに夢中になることなどに対する、かわらぬ解毒剤になるのです。〔略〕

私は、子どもにとっても、どのようにして子どもを教育すべきか頭をなやませている親にとっても、「知る」ことは「感じる」ことの半分も重要ではないと固く信じています。

フォビア)」に陥ると警鐘を鳴らしています。そうした「早すぎる抽象化」よりも、「子どもが自然の世界と結びつく機会をもつこと、自然を愛することを学び、自然に包まれて居心地の良さを感じること」の重要性を指摘しています（デイヴィド・ソベル著、岸由二訳『足もとの自然から始めよう　～子供を自然嫌いにしたくない親と教師のために』〔日経BP社・2009年〕)。

＜第７章　参考文献＞　※第６章の最後に掲げた参考文献のほか、以下の文献

・宮内泰介『歩く、見る、聞く　人びとの自然再生』(岩波書店・2017年)

・岸由二『自然へのまなざし』(紀伊国屋書店・1996年)

・大沼あゆみ・栗山浩一編『生物多様性を保全する』(岩波書店・2015年)

・富田涼都『自然再生の環境倫理　復元から再生へ』(昭和堂・2014年)

・鷲谷いづみ『実戦で学ぶ〈生物多様性〉』(岩波書店・2020年)

・レイチェル・カーソン著、上遠恵子訳『センス・オブ・ワンダー（The Sense of Wonder)』(新潮社・1996年)

第8章

法と生物多様性①

―人権と「自然の権利」

シオマネキ（有明海の佐賀県沿岸）。エビ目スナガニ科のカニ。オスは、まるで潮を招くかのように大きな片方のハサミを振る。このカニが、諫早湾の干拓をめぐる訴訟で、ムツゴロウなどとともに原告に加わった。日本における「自然の権利」訴訟の1つだ。

1 「人権」とは何か

法は、人間社会の様々な制度を設計・運用する上で、なくてはならないものです。そして、人の営みを規定する根幹のものとして、法は「**人権**」を据えています。

『広辞苑』（第６版）は、人権について次のように述べています。

「じん-けん【人権】(human rights)
人間が人間として生まれながらに持っている権利。実定法上の権利のように恣意的に剥奪または制限されない。基本的人権。」

日本国の最高法規である日本国憲法は、国民主権や平和主義とともに、この基本的人権の尊重を三大原理の１つとしています。そのいくつかを掲げておきましょう。

日本国憲法

第11条　国民は、すべての基本的人権の享有を妨げられない。この憲法が国民に保障する基本的人権は、侵すことのできない永久の権利として、現在及び将来の国民に与へられる。

第13条　すべて国民は、個人として尊重される。生命、自由及び幸福追求に対する国民の権利については、公共の福祉に反しない限り、立法その他の国政の上で、最大の尊重を必要とする。

第14条第１項　すべて国民は、法の下に平等であつて、人種、信条、性別、社会的身分又は門地により、政治的、経済的又は社会的関係において、差別されない。

第25条第１項　すべて国民は、健康で文化的な最低限度の生活を営む権利を有する。

条文を読めば明らかなように、日本国憲法は、人が人として生きることを権利として手厚く保障していますが、他の生物や自然についての権利については何も述べていません。

憲法学の世界において、日本国憲法が他の生物や自然の権利を認めているという見解はほとんどないと言えるでしょう。

一方、憲法学者の**山﨑将文**氏は、次のように、現在の一般的な解釈とともに、動物保護義務を導き出しうるという見解がありうることを指摘しています（山﨑将文「動物の権利と人間の人権」『法政論叢』54巻（2018）2号。注釈は省略）

「日本国憲法は、11条で、「国民は、すべての基本的人権の享有を妨げられない」と規定する。この「国民」とは、「ヒト」に限るとは書いていないので、「ヒト」以外のもの＝動物が人権をもつことがあり得るという見解があるが、解釈上、これには無理がある。この「国民」とは、一般に10条（「日本国民たる要件は、法律でこれを定める」）に基づき制定された国籍法から、日本国籍をもつ「国民」と解されている。したがって、動物が人権の享有主体となることは現状ではありえない。

しかしながら、動物保護が、憲法13条、25条、97条から導き出される憲法上の原則と考える可能性を追求する者もいる（浅川千尋教授）。同教授によると、「憲法第13条の『幸福追求権』は、共生物である動物が保護されることによって人間は幸福を追求できるということになるであろう。また、憲法第25条（とくに第2項＝国の公衆衛生の向上・促進義務）から、国の『動物

Column

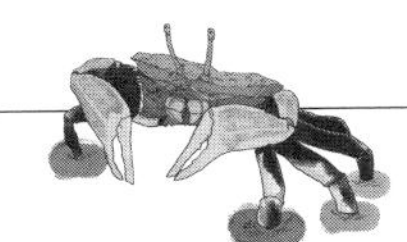

動けなくなった鳥を助けようとした子どもたち

近所の小学校へ行き、子どもたちに地域の自然の話をするようになって何年か経った。
ある日、筆者が都内で仕事をしていたとき、わが家に小学生たちが突然やって来たそうで、筆者のパートナーが応対した。歩道で野鳥のオオバンが動けなくなっていたらしく、「自然の話をしてくれた安達さんなら助けてくれるかもしれない」と思って、いろんな人に聞いて拙宅を探し、訪ねて来てくれたそうだ。その後、近所の知り合いの方々が奔走してくれ、市役所が引き取ってくれた。子どもたちがわが家のインターホンを押すとき、きっと緊張していたことだろう。
いままで地域での活動を続けてきてよかったとしみじみと思った。

保護義務』が引き出されると考えられる。さらに、憲法第97条『現在及び将来の国民に対し』の『将来』がという文言がドイツ憲法第20a条の『来るべき世代』と共通していることに着目して、ここからも『動物保護』が導き出せないか検討する価値はあると思われる」。この見解は、傾聴に値するのではなかろうか。憲法上、動物に対する法的な保護義務を国家が負う可能性は全くないとはいえない。」

2 自然に権利はあるか

(1) 「樹木は法廷に立てるか？」

1972年、南カルフォルニア大学教授で法哲学を専攻する**クリストファー・ストーン**氏は、**「樹木の当事者適格」**という論文を発表し、大きな反響を呼びました（Stone, Christopher D. **“Should Trees Have Standing?–Towards Legal Rights for Natural Objects.”** Southern California Law Review 45（1972）: 450-501.）。

裁判上の手続きでは、「原告適格」があるかないかが争点の1つになることがしばしば見られます。「原告適格」とは「当事者適格」ともいわれ、原告として訴訟を進行し、判決を受けるための資格をいいます。

例えば、ある地域で自然破壊があるとします。そのことを環境団体などが知ったとしても原告適格がなければ、訴訟を起こすことはできないのです。

論文発表当時、シエラネヴァダ山脈にあるミネラル・キング渓谷において開発計画があり、米国の有力な環境団体であるシエラ・クラブが反対運動を展開し、訴訟を提起していました。ところが、1970年、第一審となるカリフォルニア州高等裁判所は判決を下し、シエラ・クラブには原告適格がないとして訴えを退けたのです。これに反論するために、ストーン氏は論文をまとめ、シエラ・クラブには原告適格があるとしたのです。

ストーン氏の主張については、環境倫理学者の**鬼頭秀一**氏が次のようにまとめています（鬼頭秀一『自然保護を問い直す　―環境倫理とネットワーク』〔ちくま新書・1996年〕より引用）。

「社会が進化するに従い、社会に対応した形で今まで法的権利を与えられなかった無生物まで権利があると認められるように、法も変化してきた。
また、法は、社会に対応して役割を果たすべきである。
無生物である「法人」はその典型である。当初は権利が認められなかったものにまで権利があると認められるように法の方が変化していたのである。
植物状態の人間や胎児などのような法的資格のない人に関しても同じである。
ストーンは、そのような延長線上に、森や海、河などの自然物にも法的権利を与えることができるのではないかと議論している。」

もちろん、森や海などの自然が法廷で弁論することはできません。しかし、ストーン氏は、胎児など訴訟後見人が付いて支援されるので、自然に対しても同じことをすればよいと指摘します。すなわち、自然を権利主体として認め、環境団体をそのガーディアンとして代弁させるべきと言うのです。

こうしたストーン氏の立論について、筆者は特に「企業などの法人は、人ではないのに、権利主体となっている」と提示している点に一定の説得力を感じます。

「人ではないから」という理由によって自然に法的な権利を付与しないのは現在の法制度においては理由にならないわけです。

日本において自然の権利訴訟を手がけた弁護士の関根孝道氏は、『自然の権利』（山村恒年・関根孝道編・信山社出版・1996年）の「米国における自然の権利の展開」という論文において、こうしたストーン氏の立論を紹介したうえで、次の点に言及しています。

「一般的・抽象的に、自然の権利は認められるかというような議論の仕方を、自然の権利の具体的権利性を問題とする場合にすることは、無意味である。一般的・抽象的レベルにおける権利主体性の問題と、具体事案レベルにおける権利主体性の問題とは、区別して考える必要がある。」

⑵　日本における「自然の権利」訴訟

1995年2月、鹿児島県にて、森林法の林地開発許可の取消しなどを求める裁判が起こされ、大きな注目を集めました。なぜなら、鹿児島地方裁判所に提出された訴状の原告名には、「鹿児島県大島郡住用村大字市字大浜1510番地外　原告アマミノクロウサギ」などと記されていたからです。

アマミノクロウサギは、絶滅危惧ＩB類（環境省第４次レッドリスト）に分類された、絶滅のおそれのあるウサギの仲間です（ウサギ目ウサギ科）。鹿児島県奄美大島及び徳之島の２島にのみ分布しています。

もちろん、動物自ら原告として裁判に訴え出たわけではありません。そうした動物名に続き、地域の環境団体などの関係者が原告に名を連ねていました（六車明「アマミノクロウサギ訴訟」同『環境法の考え方Ｉ』〔慶應義塾大学出版会・2017年〕参照）。

結局、本裁判では、アマミノクロウサギなどの動物の原告適格は否定され、林地開発の許可取消しは認められませんでした（2001年１月22日鹿児島地裁判決、2002年３月19日福岡高裁宮崎支部判決）。

このほかにも、岡本太郎美術館事件（1997年９月３日横浜地裁判決。ホンドキツネ、ギンヤンマなどを原告表示）、諫早湾自然の権利事件第２次訴訟（2005年３月15日長崎地裁判決。ムツゴロウ、シオマネキ、諫早湾などを原

Column

「雑草」とは？

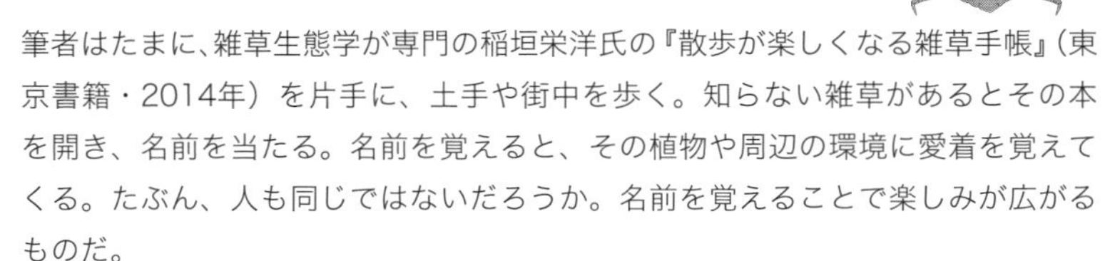

筆者はたまに、雑草生態学が専門の稲垣栄洋氏の『散歩が楽しくなる雑草手帳』（東京書籍・2014年）を片手に、土手や街中を歩く。知らない雑草があるとその本を開き、名前を当たる。名前を覚えると、その植物や周辺の環境に愛着を覚えてくる。たぶん、人も同じではないだろうか。名前を覚えることで楽しみが広がるものだ。

同書の中の、次の一文にも心ひかれる。

「雑草は『望まれないところに生える植物である』と定義されている。つまりは『邪魔者』である。しかし、アメリカの哲学者エマーソンは、雑草を次のように評した。

『雑草とは、いまだその価値を見出されていない植物である』…〔略〕…

もし、あなたがその小さな花の美しさに気づき、そっと一輪ざしにしたとしたなら、その野の花は、もはや雑草ではないだろう。雑草かどうかを決めるのは、私たちの心の中なのである。」

告表示）など、こうした自然の権利訴訟がいくつも提起されましたが、いずれも自然物の原告適格は認められませんでした（北村喜宣『環境法（第５版）』〔弘文堂・2020年〕参照）。

❸「人権」から自然を考える

⑴「人権」の観点からみた自然環境の保全

「自然の権利」についての筆者の考え方をまとめておきます。

結論から言えば、筆者は、「**『自然の権利』を認めることはできないが、「人権」の観点から自然環境を最大限保全すべきである**」という立場です。

正直に言えば、愚かといわざるをえない自然環境の破壊の現場を見聞きする度に、心情的に「自然の権利」に賛同したくなります。また、「企業という人以外のものが法技術上『法人』として認められるのであれば、裁判上、『自然の権利』も認めてよいではないか」という意見に、理論的に賛同したくなります。

また、こうした訴訟論が、自然環境の保全に向けた世論喚起を行うとともに、訴訟によって自然環境を保全させたという大きな実績もあることを見逃すべきではないでしょう。

しかし、それでも、「自然の権利」を認めるべきではないと筆者は考えざるをえません。その根拠は、第６章❷⑹で述べた通り、原理的に人間を他の生物（又はそれを含む自然）と区分する正当な理由がない中で、生きていくために（強引に）区分することが求められるにもかかわらず、「自然の権利」を認めてしまうと、この区分が曖昧になってしまうからです。こうした人間存在の根本にかかわる事項を棚に上げてしまいかねない「自然の権利」の考え方には、筆者は賛同できないのです。

もちろん、だからと言って、自然環境の保全を軽視するというわけでは決してありません。むしろ最大限保全する必要があると考えています。他の生物を含む自然に最大限配慮しなければ、原理的に人と他の生物の区分ができない中で、自然環境の破壊は、論理的に人間の破壊につながります。また、本書で繰り返し述べてきたように、昨今、生物多様性の喪失が著しく、特に将来世代の環境権を侵害しつつあります。その意味でも自然環境の最大限の保全は必須なのです。

筆者は、「自然の権利」が社会で果たした役割を高く評価しつつ、とはいえ、別の訴訟論を構築していくべきではないかとも思うのです。具体的には、人びとの環境権の内容を豊かにしていくということです（第９章参照）。

⑵ 単なる「モノ」ではない動物

「自然の権利」や「動物の権利」が成立しない場合であっても、それらを単なる「客体」、すなわち「モノ（物）」と考えるべきではありません。山﨑将文氏は、次のように現在の国内法令においても動物は単なる「モノ」ではないと指摘しています（前掲「動物の権利と人間の人権」より。注釈は省略）

「…しかし、動物愛護管理法は、「動物が命あるものであることにかんがみ」、動物の虐待などを禁止しており、一般の財物とは異なる取り扱いを定めている。愛護動物をみだりに殺しまたは傷つけた場合は、２年以下の懲役または200万円以下の罰金に処せられる。これをみる限り、現行法上、生命があり、苦痛を感じる動物が物であると言い切ることはできない。

動物が単なる物ではなく、感覚を持つ存在であることは、世界の条約や法律の中にも明記されている。たとえば、EU条約に付帯した「動物の保護及び福祉に関する条約議定書」の中では、動物を「感受性のある生命存在」（sentient being）としている。」

＜第８章　参考文献＞
・山村恒年・関根孝道編『自然の権利』（信山社・1996年）
・大沼あゆみ・栗山浩一編『生物多様性を保全する』（岩波書店・2015年）

第９章
法と生物多様性②
―環境法の進展と課題

北海道の釧路湿原。ラムサール条約登録湿地であり、自然公園法の国立公園として厳重に管理されている。一方、湿地の乾燥化などの問題もあり、自然再生事業が実施されている。生物多様性の保全と再生のため、法制度のあるべき姿を考えていきたい。

1　地球環境保全と国際法

(1)　法令の種類

政府の「電子政府の総合窓口」（通称「e-Gov（イーガブ）」と呼ばれています）の「e-Gov法令検索」にて「法律」を検索すると2,061件ヒットします(2022年11月16日検索)。つまり、日本には、約2,000の法律があるわけです。

これらの法律の中には、例えば道路交通法のように交通ルールを定めるものがあるように、私たちの市民生活に深く関連するものが数多くあります。生物多様性の保全においてもこれら法律の役割には極めて大きなものがあるのです。

法律は国の法令です。法令は、次の**図表17**の通りそれを含めて主に3種類となります。

図表17：法令の主な種類

国内法	①国の法令	・法律：　国会が制定 ・政令・省令・告示等：　法律の下位法令。内閣等が制定
	②地方自治体の法令	・条例：　都道府県や市町村の議会等が制定。自治体は、義務を課し、又は権利を制限するには、原則、条例による
国際法	③条約　など	・国と国、国と国際機関等の間で締結される国際的な合意

(2)　地球環境保全に関する条約等

国際法は、主に国と国の間で締結される法令であり、国内の特定の企業や活動を直接規制するものではありません。条約等を締結した国が、その義務を履行するために自らの国の法律等を整備し、それにより国内企業等を規制することになります。

現在、次の**図表18**の通り、地球環境を保全する様々な条約等があり、それを締結した各国の環境政策に大きな影響を及ぼしています。

図表18：地球環境保全に関する主な条約等

条約の概要
■生物多様性
■生物多様性条約（生物の多様性に関する条約） 1992年採択、1993年発効。生物多様性の保全、持続可能な利用及び遺伝資源の利用から生ずる利益の公正かつ衡平な配分を目的とする。
■カルタヘナ議定書（生物の多様性に関する条約のバイオセーフティに関するカルタヘナ議定書） 2000年採択、2003年発効。生物多様性の保全等に悪影響を及ぼす遺伝子組換え生物の国境を越える安全な移送、取扱い及び利用等を確保する。
■名古屋議定書（生物の多様性に関する条約の遺伝資源の取得の機会及びその利用から生ずる利益の公正かつ衡平な配分に関する名古屋議定書） 2010年採択、2014年発効。遺伝資源取得の機会提供及び遺伝資源の利用から生ずる利益を公正かつ衡平に配分するための国際ルールを定める。
■名古屋・クアラルンプール補足議定書（バイオセーフティに関するカルタヘナ議定書の責任及び救済に関する名古屋・クアラルンプール補足議定書） 2010年採択、未発効。遺伝子組換え生物の国境を越える移動により生じた損害に関連する責任及び救済における国際的な規則等を定める。
■食料・農業植物遺伝資源条約（食料及び農業のための植物遺伝資源に関する国際条約） 2001年採択、2004年発効。持続可能な農業及び食料安全保障のため、食料及び農業のための植物遺伝資源の保全等を目的とする。
■動植物
■ワシントン条約（絶滅のおそれのある野生動植物の種の国際取引に関する条約） 1973年採択、1975年発効。絶滅のおそれのある野生動植物等の種の国際取引を規制することによって、当該種の保護を図ることを目的とする。
■湿地（ウェットランド）
■ラムサール条約（特に水鳥の生息地として国際的に重要な湿地に関する条約） 1971年採択、1975年発効。特に水鳥の生息地として国際的に重要な湿地及びその動植物の保全を促進することを目的とする。

■熱帯林

■2006年の国際熱帯木材協定

2006年採択、2011年発効。熱帯林の持続可能な経営及び熱帯木材貿易の発展を促進するため、生産国と消費国との間の協議・協力の枠組み。国際熱帯木材機関（ITTO）を設置。

■気候変動・フロン

■気候変動枠組み条約（気候変動に関する国際連合枠組条約）

1992年採択、1994年発効。温室効果ガスの濃度を安定化させることを目的とする。毎年、気候変動枠組条約締約国会議（COP）を開催。

■京都議定書

1997年採択、2005年発効。先進国に温室効果ガス排出量削減義務を課す。日本は、2008～12年に－6％削減義務を負ったが、その後は参加せず。

■パリ協定

2015年COP21で採択、2016年発効。世界共通の目標を設定し、先進国、途上国の区別なく、全ての国が温室効果ガス排出削減等の取組に参加。

■オゾン層保護ウィーン条約（オゾン層の保護のためのウィーン条約）

1985年採択、1988年発効。オゾン層保護のための国際的な協力を謳った枠組条約。

■モントリオール議定書（オゾン層を破壊する物質に関するモントリオール議定書）

1987年採択、1989年発効。オゾン層破壊物質の消費・生産等を規制。2016年改正により、温暖化対策として代替フロン（HFC）追加。

■廃棄物

■バーゼル条約（有害廃棄物の国境を越える移動及びその処分の規制に関するバーゼル条約）

1989年採択、1992年発効。有害廃棄物の越境移動と処分の規制について国際的な枠組を作ること並びに環境を保護することを目的とする。

■化学物質

■ロッテルダム条約（国際貿易の対象となる特定の有害な化学物質及び駆除材についての事前のかつ情報に基づく同意の手続に関するロッテルダム条約）

1998年採択、2004年発効。有害化学物質等の国際取引において、相手国の輸入意思に従い、化学物質の適正な管理を目的とする。

■ストックホルム条約（残留性有機汚染物質に関するストックホルム条約）

2001年採択、2004年発効。PCB、DDT、ダイオキシン等の残留性有機汚染物質（POPs）の製造、使用及び輸出入の原則禁止。

■水俣条約（水銀に関する水俣条約） 2013年採択、2017年発効。水銀の一次採掘から貿易、製品や製造工程への使用、排出、水銀廃棄物の適正管理まで包括的な規制を定める。
■砂漠化
■砂漠化対処条約（深刻な干ばつ又は砂漠化に直面する国（特にアフリカの国）において砂漠化に対処するための国際連合条約） 1994年採択、1996年発効。深刻な干ばつまたは砂漠化に直面する国による国家行動計画の作成、先進締約国が支援する。
■南極
■南極条約 1959年採択、1961年発効。南極地域の平和的利用、科学的調査の自由と国際協力、領土権主張の凍結、査察制度等を規定する。
■環境保護に関する南極条約議定書 1991年採択、1998年発効。鉱物資源活動の禁止、環境影響評価、動植物の保護、廃棄物の処分・管理、海洋汚染の防止等をする。

出典：外務省資料（2017年２月）をもとに筆者作成（略すとともに、気候変動枠組み条約などを追加）

⑶　条約と国内法へのインパクトの例　～パリ協定と国内対策

国際的な気候変動対策は、「気候変動に関する国際連合枠組条約」（1992年採択、1994年発効）に基づき、毎年、気候変動枠組み条約締約国会議（COP）が開催されながら、対策の詳細が決められています。

2015年、第21回締約国会議（COP21）にて、2020年以降の気候変動対策の枠組みを定める**パリ協定（Paris Agreement）**が採択されました。協定では、世界共通の長期目標として、気温上昇を２度より十分下方に保持するという**２度目標**と、1.5度に抑える努力を追求する**1.5度努力目標**を定めました。そのために、排出ピークを早期に迎え、今世紀後半には温室効果ガスの排出と吸収のバランスを達成させることを求めています。

また、各国に対しては、削減目標を設定し、国内対策に取り組み、実施状況を５年ごとに提出し、従来よりも対策を前進させることを求めています。

2021年のCOP26では、1.5度努力目標を追求することを確認し、長期目標として気温上昇を1.5度に抑えることが明確になりました。また、今世紀半ばの**カーボンニュートラル**、2030年に向けた野心的な対策を締約国に求めることにも合意しました（グラスゴー合意）。

日本は2020年、パリ協定を踏まえ、**長期目標**として「**2050年カーボンニュートラル（脱炭素社会）**」の実現を宣言し、2021年に**中期目標**として「**2030年温室効果ガス46％削減目標**」（2013年度比）を定めました。

こうした目標に沿って、現在国内の法政策が整備されています。例えば、2022年には、建築物省エネ法が改正され、従来は延べ床面積300㎡以上の非住宅建築物の新築等に対して省エネ適合基準の遵守を義務付けていた規制を見直し、戸建て住宅など、すべての建築物の新築等に対して基準遵守を義務付け、違反した場合は建物としての使用を認めないことにしたのです。

Column

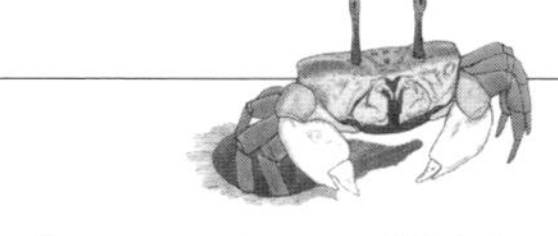

カーボンニュートラル？

気候変動対策の長期目標を巡るニュースには、「カーボンニュートラル（炭素中立）」「ネットゼロ（正味ゼロ）」「脱炭素」などの用語が続々と登場し、混乱しやすいが、どれも、基本的には、2050年までに二酸化炭素などの温室効果ガスを「ゼロ」にする目標だと考えるとわかりやすいだろう。どんなに二酸化炭素排出の削減活動を進めても、多少の排出量は残ってしまう。その分を森林吸収量などで埋め合わせることにより、炭素（カーボン）の排出量を正味ゼロにする、つまり中立（ニュートラル）にするという考え方だ。

2　生物多様性条約とABS

(1)　生物多様性条約の概要

生物多様性条約は、その前文において生物多様性の有する価値について、「生物の多様性及びその構成要素が有する生態学上、遺伝上、社会上、経済上、科学上、教育上、文化上、レクリエーション上及び芸術上の価値」とともに、「生物の多様性が有する内在的な価値」も明記しています。つまり、人間中心主義とともに生命中心主義の考え方も取り込んでいることになります。

そして、第1条において、次のとおりその目的を定めています。

「第1条　目的

この条約は、**生物の多様性の保全、その構成要素の持続可能な利用及び遺伝資源の利用から生ずる利益の公正かつ衡平な配分**をこの条約の関係規定に従って実現することを目的とする。この目的は、特に、遺伝資源の取得の適当な機会の提供及び関連のある技術の適当な移転（これらの提供及び移転は、当該遺伝資源及び当該関連のある技術についてのすべての権利を考慮して行う。）並びに適当な資金供与の方法により達成する。」

出典：環境省生物多様性センター資料（2019.11.14確認。以下同様）
http://www.biodic.go.jp/biolaw/jo_hon.html

このように、本条約は、その目的として、**①生物多様性の保全、②生物多様性の構成要素の持続的な利用、③遺伝資源利用による利益の公正な配分**の3つを掲げています。

この目的を達成するために、本条約では、保全と持続可能な利用のための一般的措置として、生物多様性国家戦略の策定や重要な地域・種の特定とモニタリングを行うことを定めました。

保全のための措置として、生息域内や生息地の回復等を行うことを定めるとともに、持続可能な利用のための措置として、持続可能な利用の政策への組み込みなどを定めました。

さらに、技術移転、遺伝資源利用による利益の配分として、遺伝資源保有国に主権を認め、資源利用による利益を資源提供国と資源利用国が公正かつ衡平に配分することなどを定めました。

このほか、技術上及び科学上の協力やバイオテクノロジーの安全性などの規定も設けました。

⑵ ABSとは

ところで、本条約で最もわかりづらい用語は、条約の目的③として掲げた、「遺伝資源利用による利益の公正な配分」でしょう。

これは、「**Access and Benefit-Sharing**」のことであり、頭文字をとって**ABS**と呼ばれているものです。各国が、自国の天然資源に主権的権利を持つことを確認し、遺伝資源にアクセスする際には、提供国政府による「情報に基づく事前の同意（Prior Informed Consent：PIC)」と、提供者との間の「相互に合意する条件（Mutually Agreed Terms：MAT)」の設定が必要であることを定めています。

これらのABSに関する基本的なルールが着実に守られるための枠組みとして、2010年、**名古屋議定書**（正式名称：生物の多様性に関する条約の遺伝資源の取得の機会及びその利用から生ずる利益の公正かつ衡平な配分に関する名古屋議定書）が採択され、2014年に発効しています。

こうしたABSという考え方が登場した理由は、先進国のグローバル企業が途上国の天然資源や伝統的薬品を利用して商品化し、利益を独占するという問題が生じたためです。

例えば、数千年前からインドで殺虫剤などとして利用されてきたニームという樹木をベースに、米国等の企業が農薬等を開発し、かつ特許化したため、インドの企業がニームをベースとした利用を制限されてしまいました。これに対して、世界的な反対キャンペーンが起き、2005年にはニーム特許は無効とされました（高橋進『生物多様性を問いなおす』〔ちくま新書・2021年〕参照)。

3　日本における環境法の進展と生物多様性

(1)　日本における環境法の進展と生物多様性

戦後の高度経済成長に伴い、大規模な公害や自然破壊が生じました。これに対応するため、様々な環境法が整備されていきました。

1970年11月末からの臨時国会は「**公害国会**」と呼ばれました。深刻化していた公害への対策を求める世論が高まったこともあり、公害対策基本法改正法案など、14の公害関連法令が審議され、制定されました。現在も日本の環境法の中心となるような大気汚染防止法、水質汚濁防止法、廃棄物処理法などは、この公害国会で制定されたものです。また、環境庁（現在の環境省）もこの時に設置が法制化されました。

これら改正のうち、改正公害対策基本法では、公害対策を行う上で経済の健全な発展との調和を求めるとする「**経済調和条項**」**が削除**され、経済優先となりがちな施策の方向性が否定されたことも、大きな注目を集めました。

日本において、国レベルの本格的な環境法制は、公害国会のときから始まり、以後、紆余曲折を経て、現在に至っているのです。

1990年代になると、環境法の歴史は新たな段階に入ります。1992年の国連環境開発会議（地球サミット）などを受けて、従来の公害対策とともに、地球環境問題なども視野に入れ、公害対策基本法から**環境基本法**に改正されました。また、リサイクル法制が整備され出し、1999年には循環型社会形成推進基本法が制定されました。

生物多様性保全に関する法制度も整備されていきます。自然保護関連法では、次項で取り上げる自然再生推進法などが続々と制定されるとともに、いわゆる開発関連の法令において「環境保全」がその目的に加えられるなど「**開発法のグリーン化**」が進められました（1997年改正河川法や1999年改正海岸法、2004年改正森林法など）。

2003年の改正化学物質審査規制法のポイントのひとつは、動植物への影響に着目した化学物質の審査・規制制度を導入したことでした。また、2006年には水質汚濁防止法の亜鉛の排水基準が強化されましたが、この目的は、人の健康保護ではなく、水生生物の保全でした。このように化学物質や公害関連の規制法において、生態系の保全の観点が重視されるようになってきたのです。

さらに、2008年には**生物多様性基本法**が制定されました。生物多様性の法制度に詳しい環境法学者の**及川敬貴**（ひろき）氏は、生物多様性基本法の成立を「2008年の静かな革命」と呼び、次のように述べています（及川敬貴「生物多様性の法制度」大沼あゆみ・栗山浩一編『生物多様性を保全する』〔岩波書店・2015年〕より引用。ただし注釈等は省略）。

「生物多様性基本法の制定（2008年）は、調和条項の削除（1970年）、環境基本法の制定（1993年）、循環基本法の制定（2000年）と並ぶ、わが国「環境法のパラダイム転換」と評されている。この法律の制定によって「生物の多様性の確保」が国家政策の基本に据えられ、自然関連の多くの個別法が緩やかに糾合された。もちろん、個別法上の権限は多くの省庁に分散したままであるので、「関係各機関の政策をどのように調整するか」等の基本問題は残されたままである。しかし、生物多様性基本法の制定によって、生物多様性管理法制の体系のようなものが、その輪郭を現し始めたものといえるだろう。」

2021年、**プラスチック資源循環法**が制定されました（2022年4月施行）。

本法は、①プラスチック製品のメーカーに製品設計指針に即して設計するよう努めさせる、②商品小売業や宿泊業などにプラスチック製スプーンなどのワンウェイプラスチックの使用を合理化させる、③排出事業者にプラスチック使用製品産業廃棄物等の排出抑制やリサイクルなどを求める——などを定めています。本法が成立に至った大きな理由のひとつは、海の生物多様性保全において重大な影響を与えている海洋プラスチック汚染への危機感です。

⑵ 自然再生推進法における生物多様性保全施策の考え方

2002年、自然再生推進法が制定されました。

本法は、自然再生についての基本理念を定め、また実施者等の責務を明らかにしています。さらに、自然再生基本方針の策定その他の自然再生を推進するために必要な事項を定めています。

日本のように、既に生物多様性がかなりの程度損なわれている国土においいては、そうした自然を再生させる施策が不可欠となっています。しかし、一方で、「自然再生という名の新たな開発を許すな」という意見も根強くあります。

こうした状況の中において、本法では、自然再生の中身についてかなり踏み込んだ定義等を行い、自然再生を含む生物多様性の保全施策を実施する上での考え方がかなり整理されていると筆者は評価しています。

具体的には、次の通り「自然再生」の定義や基本理念を定めています（ゴシックは引用者）。

■自然再生推進法（抜粋）

（定義）

第２条第１項　この法律において「自然再生」とは、**過去に損なわれた生態系その他の自然環境を取り戻すことを目的として**、関係行政機関、関係地方公共団体、地域住民、特定非営利活動法人（特定非営利活動促進法（平成10年法律第７号）第２条第２項に規定する特定非営利活動法人をいう。以下同じ。）、自然環境に関し専門的知識を有する者等の**地域の多様な主体が参加**して、河川、湿原、干潟、藻場、里山、里地、森林その他の**自然環境を保全し、再生し、若しくは創出し、又はその状態を維持管理する**ことをいう。

（基本理念）

第３条　自然再生は、健全で恵み豊かな自然が**将来の世代にわたって維**

Column

海洋プラスチック汚染のインパクト

社会にプラスチック製品があふれているということは、それを製造や利用をする企業も数え切れなくあるということだ。それを抑制しようとするプラスチック資源循環法のような法律をつくることは容易なことではない。

それにもかかわらず、2021年に本法が成立したのは、ウミガメがレジ袋を飲み込んだり、ストローが鼻に刺さったりした写真などが人びとに衝撃を与え、海洋プラスチック汚染への対策の必要性が広く認識されたからにほかならない。

持されるとともに、生物の多様性の確保を通じて**自然と共生する社会**の実現を図り、あわせて**地球環境の保全**に寄与することを旨として適切に行われなければならない。

2　自然再生は、関係行政機関、関係地方公共団体、地域住民、特定非営利活動法人、自然環境に関し専門的知識を有する者等の**地域の多様な主体が連携**するとともに、**透明性**を確保しつつ、**自主的**かつ積極的に取り組んで実施されなければならない。

3　自然再生は、地域における自然環境の特性、自然の復元力及び生態系の微妙な均衡を踏まえて、かつ、**科学的知見**に基づいて実施されなければならない。

4　自然再生事業は、自然再生事業の着手後においても自然再生の状況を監視し、その**監視の結果に科学的な評価を加え**、これを当該自然再生事業に反映させる方法により実施されなければならない。

5　自然再生事業の実施に当たっては、自然環境の保全に関する学習（以下「自然環境学習」という。）の重要性にかんがみ、**自然環境学習の場**として活用が図られるよう配慮されなければならない。

さらに本法に基づき定められた**自然再生推進基本方針**（2014年閣議決定）においては、複雑で絶えず変化する自然を対象とすることを十分に認識し、科学的知見に基づいて、長期的な視点で順応的に取り組むべきことが提示されています。

具体的には、自然環境に関する事前の十分な調査を行い、事業着手後も自然環境の再生状況をモニタリングし、その結果を科学的に評価し、事業に反映させる順応的な方法により実施することが必要であるとされました。

こうした管理手法は**「順応的管理」**（Adaptive Management）と言われます。

「為すべきことによって学ぶ（learning by doing）」という政策実践の手法であり、近世の日本の河川管理においても「見試（みため）し」という同様の手法があったそうです（富田涼都『自然再生の環境倫理　～復元から再生へ』〔昭和堂・2014年〕 6 p.参照）。

順応的管理の手法のポイントは、複雑な自然環境を対象に事業を行うことには常に不確実性があることを踏まえ、科学的知見をしっかり組み込んだ事業としつつ、一方でその科学的知見にも限界があることを認識し、事業の結果に課題が出れば柔軟に対応するというものでしょう。

4 環境権の行方

(1) 環境権とは何か

環境権とは、一般に、「**現在と将来の世代が良好な環境を享受する権利**」と定義されています。

戦後の高度経済成長時代は、公害や環境破壊の激しかった時代でもあります。公害による健康被害や環境破壊に対して、弁護士や研究者が、人びとには「環境権」があり、それを侵害する工場の操業や大規模な開発等を裁判で差し止めることができると主張したことが始まりです。

環境権を根拠にいくつもの訴訟が提起されてきましたが、裁判所は、環境権を根拠に差し止めを認めず、現在に至っています。しかし、学説（憲法学）上は、日本国憲法において環境権は認められるとする見解が多数を占めています。主に、環境権の日本国憲法上の根拠規定を次の第13条と第25条に求めています（条文原文は、第８章 1 参照）。

環境基本法では、次の条文のゴシックの箇所のように、環境権を想起させる規定はあるものの、それが権利であることまでを認めているわけではありません（ゴシックは引用者）。

■環境基本法

（環境の恵沢の享受と継承等）

第３条　環境の保全は、環境を健全で恵み豊かなものとして維持することが人間の健康で文化的な生活に欠くことのできないものであること及び生態系が微妙な均衡を保つことによって成り立っており人類の存続の基盤である限りある環境が、人間の活動による環境への負荷によって損なわれるおそれが生じてきていることにかんがみ、**現在及び将来の世代の人間が健全で恵み豊かな環境の恵沢を享受するとともに**人類の存続の基盤である環境が将来にわたって維持されるように適切に行われなければならない。

海外では、フランスやスペインなどが憲法上で環境権を明記しています。

また、環境権とは別に、「**自然享有権**」という考え方もあります。これは、1986年の日本弁護士連合会「自然保護のための権利の確立に関する宣言」において、その法整備が提唱されたものです。環境権について、その重要性を認めつつ、公害被害から住民を救済する権利として構成されてきたために、権利主体の範囲が限定的に解されてきました。しかし、広範囲で急激な自然破壊の現状を踏まえれば、こうした個人の個別的な被害から離れて、権利主体の制約のない権利として、自然享有権が主張されるようになったのです。

自然享有権とは、将来の世代からの信託に基づき、現在の世代が、自然を保護し、後世代に承継する責務を有し、自然破壊を排除する権利とされています。同宣言によれば、次のような法的な効果があると主張しています。

「争訟上は、自然の特質からその回復しがたい破壊を防止するための事前

自然再生の難しさと楽しさ

ひとつの自然を対象に、地域や行政、市民が一体となってその再生に努める―。自然再生推進法を読むと、牧歌的な取組みが想起されるが、現実はなかなかそうもいかない。

富田涼都氏の『自然再生の環境倫理―復元から再生へ』（昭和堂・2014年）では、霞ヶ浦において、木の枝を束ねた粗朶（そだ）による湖岸の植生復元をしようとしたところ、消波堤から大量の粗朶が流出し、漁業者や地域住民から批判された事例などを紹介している。その上で、「〈まつりごと〉を通じた納得のプロセス」を設計し、「未来にむけた人と自然のかかわりの望ましい〈再生〉」を提唱する。

三番瀬で活動する筆者の実感としても、様々な関係者の「納得」を得ることはたいへん難しいと思う。ただ、本書第５章❹で紹介したように、自然をめぐる取組みでは様々な交流ができ、まちづくりにつながる。そして、活動している人たちの楽しさにつながることも、また実感している。

差止請求権を主な内容として事後の現状回復請求権、行政に対する措置請求権を併せ持ち、また行政上は、自然保護に影響を与える施策の策定、実施の各過程における意見・異議申立等の参加権を保障されるべきものと考える。」

さらに、近年、従来の環境権とは異なる環境権論も提示されています。例えば、望まれる環境が人によって異なる現実を踏まえ、どのような環境がよいかを議論する機会を保障するために、「**行政への市民参加を要求する権利**」としての環境権を主張する見解もあります。

(2) 平和と良好な環境は、すべての人権の前提

筆者は、こうした環境権を考える際には、「平和的生存権」をめぐる議論も視野に入れて行うことが求められていると思っています。

日本国憲法の前文には、「われらは、全世界の国民が、ひとしく恐怖と欠乏から免かれ、平和のうちに生存する権利を有することを確認する。」という規定があります。この権利を「**平和的生存権**」といいます。

「**平和は権利である**」という考え方は、戦前の軍国主義が招いた戦争の惨禍を踏まえてできたものです。平和に生きることができない戦争の時代があったからこそ出てきた考え方なのです。

環境権についても、同様のことが言えます。良好な環境の中で生きられない公害や自然環境の破壊の時代があったからこそ出てきた考え方です。

いずれの権利も、表現の自由などの様々な人権の基底にある状況が脅かされたことにより、そうした基底にある状況をまもり、改善するために、平和も環境も人権として観念されるようになったと言えるでしょう。**平和と良好な環境は、すべての人権の前提としてあるもの**なのです。

(3) 生きもののにぎわいと環境権

環境権の定義である「現在と将来の世代が良好な環境を享受する権利」の「良好な環境」の内容についても、生物多様性の要素がもっと盛り込まれてもよいのかもしれません。

環境権の概念が登場してきたころ、この言葉は、眼前で繰り広げられる激甚型の公害や自然破壊に取り組むために考案されたものでした。

現在においてもなお公害や自然破壊がなくならず、かつ、潜在的なリスクがあることを踏まえれば、この視点は大切なものです。それを前提とした上で、さらにもう一歩踏み込み、過去30年に及ぶ生物多様性に関する議論の進展をこの言葉の中に盛り込んでいくべきではないかと筆者は感じています。

1972年６月、ストックホルムで開催された国連人間環境会議で「**人間環境宣言**」が採択されました。この中には、「人は、**尊厳と福祉を保つに足る環境で、自由、平等及び十分な生活水準を享受する基本的権利を有する**とともに、現在及び将来の世代のため環境を保護し改善する厳粛な責任を負う。」という原則もあります（ゴシックは引用者）。

「尊厳と福祉を保つに足る環境」とは、単なる公害がなく、かつ自然破壊がない環境ではないと思います。にぎやかな生きものの世界の中で、自然のめぐみを感じながら、心豊かにくらしていけるような環境を指すと考えることもできるのではないでしょうか。

そうした個々人の環境権をベースに、生物多様性の保全と再生を考え、実行していくことが、いま求められていると思います。

<第９章　参考文献>

・北村喜宣『環境法（第５版）』（弘文堂・2020年）
・及川敬貴『生物多様性というロジック　環境法の静かな革命』（勁草書房・2010年）
・山村恒年『自然保護の法と戦略（第２版）』（有斐閣・1994年）
・畠山武道『自然保護法講義』（北海道大学図書刊行会・2001年）

おわりに

十文字学園女子大学において、2017年度から「生物の多様性と倫理」の講義をしています（2020年度からは「多様性と倫理」）。本書は、この講義ノートをまとめたものです。

講義では、本書で書かれていることを話すとともに、できるかぎり様々な写真や映像をスクリーンに映し出してきました。これから社会に飛び出し、様々な職業に就く学生の皆さんたちに、すこしでもにぎやかな生物の世界に興味をもって、親しんでもらい、そして、その課題について考えてほしいと願ってきたからです。

本書の構成や取り上げた項目は、従来の生物多様性や環境倫理等に関する書籍のそれと異なるところが少なくありません。これは、上記の事情の中で本書を練ってきたからです。

「生物多様性と倫理、社会」を考える上で、30代のころから行っている環境コンサルタントの仕事が大きな意味を持っています。

本書の冒頭でも触れたように、企業とは、良きにつけ悪しきにつけ、生物多様性に重大な影響を与える存在です。時に自然を破壊する決定的な役割を果たすこともありますし、逆に、時に自然環境の保全に大きく貢献することもあります（残念ながら前者の場面のほうが多く見られますが）。

全国の様々な企業とお付き合いし、環境のご担当者と知り合い、そうした企業の実状を多く見聞きしてきて改めて思うのは、企業に対して紋切り型の評価をしても生物多様性の保全に向けて生産的な議論にはつながらず、実状にも即していないということです。それよりも、この両面を冷静に認識・評価を行い、生物多様性の保全に向けた政策体系に企業をどのように位置付けるかが重要なのではないでしょうか。

企業の中で知り合った数多くの方々と触れあい、語り合う中で、この問題を考える上でとても大きな示唆を頂戴しました。心から御礼申し上げます。

また、20代のころから東京湾の三番瀬という海で活動してきたことがなければ、この本を書きあげることは到底できませんでした。

何の利害関係もなく、ただ、この海が好きでそこを保全していきたいという気もちだけで集まった仲間たちとこれまで付き合ってきました。その大半は愉快な思い出ばかりですが、利害関係がないということは気もちと気もちのぶつかりあいもあります。心に引っかかる苦い思い出も残っています。

それでも、いまは、この海を知り、仲間たちに出会えたことに大きな幸せを感じています。この大好きな海で出会った仲間たちに、心から御礼を申し上げたいと思います。

また一緒に、三番瀬に行きましょう！

本書の執筆に際して、法律情報出版株式会社 代表取締役の林　充さんには今回もたいへんお世話になりました。クリエイター・画家の鈴木匠子さんには本文中にカニなどの素敵なイラストを描いていただきました。お二人には深く感謝申し上げます。

著者紹介

安達 宏之（あだち ひろゆき）

十文字学園女子大学「生物の多様性と倫理」（2020年度から「多様性と倫理」）、上智大学法学部「企業活動と環境法コンプライアンス」などの非常勤講師を務める。
有限会社 洛思社 代表取締役／環境経営部門チーフディレクター。ISO14001主任審査員、エコアクション21中央事務局参与・判定委員会委員・審査員、環境法令検定運営委員会委員など。環境コンサルタントとして、企業の環境マネジメントシステム（EMS）や環境法対応に関する執筆やコンサルティング、審査、研修講師等を行う。
地域では、環境NPOの「三番瀬フォーラム」顧問などを務める。
著書に、『企業と環境法　～対応方法と課題』（法律情報出版・2018年）、『図解でわかる！環境法・条例　～基本のキ（改訂２版）』（第一法規・2022年）、『企業担当者のための環境条例の基礎』（第一法規・2021年）、『罰則から見る環境法・条例』（第一法規・2023年）、『改訂新版　日本国憲法へのとびら（２訂）　～いま、主権者に求められること』（法律情報出版・2022年、共著）、NPO法人三番瀬環境市民センター『海辺再生　～東京湾三番瀬』（築地書館・2008年、共著）など多数。

生物多様性と倫理、社会　―改訂版―

令和２年３月10日　初版１刷発行
令和５年３月31日　改訂１刷発行

著　者　安達　宏之

発行者　林　充
発行所　法律情報出版株式会社　〒169-0073 東京都新宿区百人町1-23-10 M&T 4F
TEL (03) 3367-1360　FAX (03) 3367-1361

ISBN978-4-939156-47-2 C1045　定価はカバーに表示してあります。
乱丁本，落丁本がございましたなら小社宛にご連絡ください。送料小社負担にてお取り替えいたします。

― ご意見、ご感想などお寄せください ―

FAX (03) 3367-1361　E-mail:office@legal-info.co.jp

最新情報は、https://www.legal-info.co.jp をご覧ください。